무비료 텃밭농사 교과서

MUHIRYO SAIBAI WO JITSUGENSURU HON by Yoritaka Okamoto

Copyright © Yoritaka Okamoto/Magazineland 2017
All rights reserved.
Original Japanese edition published by Magazineland Inc.

Korean translation copyright © 2020 by BONUS Publishing Co.
This Korean edition published by arrangement with Magazineland Inc., Tokyo,
through HonnoKizuna, Inc., Tokyo, and BC Agency

무비료 텃밭농사 교과서

흙, 풀, 물, 곤충의 본질을 이해하고
채소를 건강하게 기르는 친환경 밭 농사법

오카모토 요리타카 지음
황세정 옮김

보누스

차 례

머리말 뻐꾸기가 울면 씨를 뿌려라 • 8

첫 번째 재배의 기초

식물이 성장하는 구조 • 15

질소 순환 • 18

탄소 순환 • 21

식물의 필수 원소 • 24

미량 원소 • 27

일곱 가지 식물 호르몬 • 30

흙이란? • 32

입단화란? • 35

뿌리가 하는 일과 올바른 물 주기 • 38

미생물의 역할 • 41

미생물의 또 다른 역할 • 43

흙에 필요한 것 • 45

잎의 역할과 식물내생생물 활용 • 47

달을 보라 • 49

재배의 기초 요점 정리 • 52

두 번째 밭과 흙

밭 설계 • 55

바람 살피기 • 58

바람 다루기 • 60

물 살피기 • 63

잡초로 알아보는 흙의 상태 • 66

잡초의 역할 • 69

흙 색을 보는 법 • 72

흙의 산도 확인하기 • 75

잡초로 알아보는 토양의 산도 • 78

메마른 흙 되살리기 • 81

대항과 촉진 • 84

경반층 확인하기 • 86

흙의 물리적 개선 • 90

큰 밭의 토양 개량하기 • 93

텃밭의 토양 개량하기 • 95

높은이랑과 낮은이랑 • 101

잡초로 퇴비 만들기 • 104

식물성 비료 만들기 • 108

상토 • 110

간이 양열온상 • 112

모종 만들기 • 115

밭과 흙 요점 정리 • 118

세 번째 풀

뽑아야 할 풀 • 121

뽑지 말아야 할 풀 • 124

풀 베는 방법 • 127

풀을 보라 (1) • 130

풀을 보라 (2) • 133

풀을 보라 (3) • 136

풀 요점 정리 • 138

네 번째 곤충과 질병

토양 동물 • 141

벌레들의 관계 • 144

진딧물이 하는 일 • 147

양배추와 나비 애벌레 • 151

벌레의 소리를 들어라 (1) • 155

벌레의 소리를 들어라 (2) • 158

벌레의 소리를 들어라 (3) • 161

질병 이해하기 • 164

영양 부족의 징후, 질소 • 166

영양 부족의 징후, 인산과 칼륨 • 169

뿌리의 노화 • 172

역병 • 175

곤충과 질병 요점 정리 • 178

다섯 번째 작물 재배

공영 식물 • 181

토마토 • 184

토마토의 공영 식물 • 189

가지 • 192

피망 • 197

오이 • 200

감자 • 203

콩(대두) • 206

양배추 • 209

브로콜리 • 212

순무 • 215

작물 재배 요점 정리 • 218

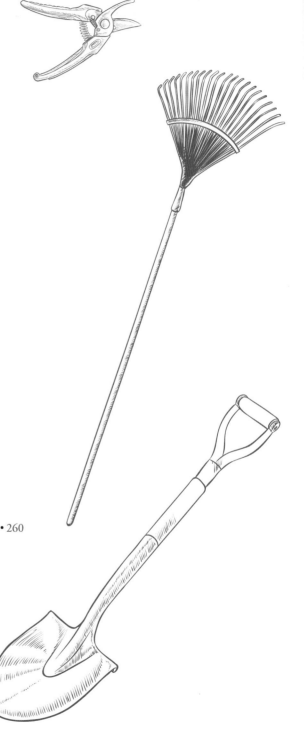

여섯 번째 플랜터 재배

집에서 흙을 만드는 방법 • 221

플랜터에 흙 담기 • 224

미생물 보호하기 • 227

흙 재생하기 • 230

흙과 뿌리 • 232

일곱 번째 씨앗

씨앗의 종류 • 237

씨앗 살펴보기 • 239

씨앗의 형태에는 의미가 있다 • 242

씨뿌리기(파종) • 245

열매채소의 채종 • 248

잎채소의 채종 • 251

뿌리채소와 콩과 작물의 채종 • 254

씨앗 보관 • 257

맺음말 무비료 재배에 도전할 여러분에게 • 260

뻐꾸기가 울면 씨를 뿌려라

지구 환경이 점차 파괴되고 있다. 인간이 개발한 과학기술이 인간의 건강을 해치는 결과를 낳고 있는 것이다. 공기, 물, 식품의 오염이 우리에게 끊임없이 다양한 질병을 유발하고 있다.

인간의 몸과 마음은 자신이 먹는 음식으로 이루어진다. 건강하게 살고 싶다면 몸과 마음을 해치는 일을 하지 말아야 한다. 하지만 현실에서는 화학 농약과 화학 비료, 유기 비료를 과도하게 사용하는 바람에 안전한 먹을거리가 자꾸만 줄어들고 있다. 안심하고 먹을 수 있는 먹을거리를 원한다면 여러 사람의 손을 거친 채소를 구입하지 말고 믿을 수 있는 생산자로부터 채소를 구입하거나 직접 키워야 한다. 채소를 직접 재배한다면 당연히 화학 농약이나 화학 비료, 유기 비료를 전혀 사용하지 않아야 안심하고 먹을 수 있다.

나는 모든 사람이 농사를 지어야 한다고 주장한다. 농담처럼 들리겠지만, 실현 가능 여부를 떠나 생각만큼은 진심이다. 모든 사람이 자신이 먹을 채소를 직접 키우는 것이야말로 진정한 의미에서 식품 안전을 보장하는 길이기 때문이다. 그러면 천재지변이 일어나 식료품을 운반하지 못하는 사태가 벌어져도 자기 집 마당이나 밭에 키우는 채소로 어떻게든 버틸 수 있다. 또한 식량을 약탈하는 행위도 쉽게 일어나지 않을 것이다. 대신 동네 주민들끼리 서로 채소나 곡물을 물물교환하며 살아갈 것이다.

모든 채소를 키우기는 어렵더라도 무비료·무농약으로 채소를 키우는 지혜를 익혀 씨앗을 심고, 씨앗을 받는 과정을 경험하면 자연을 소중히 대해야 한다는 인식이 생기고 삶을 불안하게 여기는 태도가 사라진다. 삶이 불안한 이유는 '제대로 먹고살 수 있을지' 자신할 수 없을 때 생겨난다.

무비료·무농약 재배는 결코 간단한 재배법이 아니다. 하지만 이는 어디까지나 농약을 사용하는 기존 재배법에 얽매여 있을 때의 이야기다. 이제껏 상식이라 생각해온 것들에 의문을 품고 진정한 답을 자연에서 찾는 순간, 무비료·무농약 재배법은 쉽고 자연스러우면서도 기분 좋은 재배법이 될 것이다.

"뻐꾸기가 울면 씨를 뿌려라."

내게 이러한 사실을 가르쳐준 사람은 이웃집 할머니였다. 옛날 사람들은 매뉴얼에 얽매이지 않고 자연과 대화하며 작물을 재배했다. 이 사실을 깨달은 순간 나는 달력이라는 속박에서 벗어날 수 있었고, 농사일이 한결 수월해졌다. 그때부터 나는 자연을 관찰하면서 지금 작물이 원하는 것이 무엇인지를 고민했다. 그러자 무비료 재배가 무척이나 쉽고 즐거워졌다.

이 책은 농사짓는 순서를 가르쳐주는 기계적인 매뉴얼이 아니다. 어디까지나 자연의 섭리를 깨닫는 것에 중점을 두고 있다. 농사 매뉴얼, 즉 인간이 만들어낸 효율적인 농사 시스템은 결국 농약이나 비료를 쓸 수밖에 없기 때문이다.

식물이 성장하는 요인은 무엇이며, 내가 키우는 작물이 제대로 자라지 못하는 이유는 무엇일까. 작물에 벌레가 생기는 이유는 무엇이며, 벌레가 꼬이지 않게 하는 방법은 없는 걸까. 농작물에 병해가 발생하는 이유는 무엇이며, 이를 극복할 수 있는 방법은 무엇일까. 이러한 질문의 답은 모두 자연에 존재한다. 자연에서 얻는 해답이 무비료 재배의 가장 중요한 매뉴얼이 된다.

재배를 할 때 절대로 읽어서는 안 되는 것이 바로 농사짓는 순서만을 나열한 매뉴얼이다. 매뉴얼은 문제와 해답만을 제시하고, 해답을 얻는 데 필요한 준비와 순서만을 늘어놓는다. 이랑의 높이는 몇 센티미터가 적당한가. 작물과 작물 사이의 간격은 몇 센티미터로 해야 하는가. 씨앗은 몇 센티미터 깊이에 심어야 하며, 몇 알씩 뿌려야 하는가. 이런 내용을 장황하게 늘어놓은 매뉴얼만으로는 자연의 섭리를 알 수 없다. 자연의 섭리를 알지 못하면 매뉴얼에 적힌 내용을 응용할 수가 없다. 당근을 심는 방법이 나온 책을 읽으면 당근 씨앗을 뿌리는 법만 알게 될 뿐, 책에 나와 있지 않은 이탈리안 파슬리의 씨앗은 어떻게 뿌려야 할지 알지 못한다. 그러면 새로운 작물을 키울 때마다 또 다른 책을 끊임없이 읽어야만 한다.

그렇다면 읽어도 되는 매뉴얼은 무엇일까. 바로 '당근 파종법을 당근 씨앗에 질문하는 방법'을 알려주는 매뉴얼이다. 자연의 섭리를 자연에 묻는 방법만 알면 당근이든 이탈리안 파슬리든 얼마든지 키울 수 있다. 당근 씨앗은 우리에게 자신을 어떻게 심고 다뤄야 하는지를, 즉 자연의 섭리에 따르는 파종법이 무엇인지를 가르쳐준다.

이 책은 식물이 성장하는 이유가 무엇인지, 벌레가 꼬이는 이유가 무엇인지, 작물이 병드는 이유가 무엇인지 자세히 적고 있다. 이러한 내용은 내가 무비료 재배를 하는 과정에서 자연으로부터 배운 진실일 뿐, 그 누구의 것도 아니다. 물론 나만의 것도 아니다. 이 책을 읽는 여러분도 이러한 지혜를

습득하고 자신의 것으로 소화해서 무비료 재배에 성공하기 바란다. 하나를 보면 열을 알 수 있다고 했다. 한 가지 작물을 키우는 데 성공하면 다른 작물을 키우는 법도 보일 것이다.

참고로 나는 이 책에 소개한 재배법을 단지 '무비료 재배'라고만 부르고 싶다. 거창하게 자연 재배나 자연 농법이라고 부르지는 않는다. 각 용어마다 엄격한 규정이 있기 때문이다. 나는 규정에 얽매이는 것 또한 피하고 싶다. 이 책에 소개한 재배법에는 어디까지나 내 생각을 기준으로 한 규정만이 존재한다. 따라서 이 재배법은 엄밀히 말하면 '나만의 친환경 농법'이라 할 수 있다.

나는 비료에 대해서도 나만의 정의를 내렸다. 내가 생각하는 비료란 기업이 판매하는 화학 비료나 유기 비료 혹은 가축 분뇨를 이용한 비료를 말하며, 순환형 농업에서 사용하는 수제 식물성 비료는 포함하지 않는다. 나는 쌀겨나 부엽토, 초목회, 왕겨숯처럼 자연을 이용하는 것이 전혀 부자연스러운 일이 아니라고 생각한다. 토양 미생물을 늘려주는 행위까지 부정하고 싶은 생각은 없다. 간단히 말하면 생산자가 안심하고 사용할 수 있는 것, 구매자가 안심하고 먹을 수 있는 것만을 농사에 이용하고자 한다. 나는 무비료 재배법을 널리 보급하는 것에 남은 인생을 모두 걸 생각이다. 또한 자가 채종의 중요함을 전하는 일에도 최선을 다할 생각이다.

식물이 씨를 맺는 데는 반드시 이유가 있다. 이 세상에 태어난 생명에는 반드시 부여된 역할이 있으며, 모든 역할이 유기적으로 연결된 덕분에 또 다른 생명으로 계속 이어지는 것이다. 싹이 트지 않은 씨앗은 싹이 튼 씨앗이 다음 씨앗을 남기지 못할 경우를 대비해 기다리고 또 기다렸다가 제 역할을 끝내면 흙으로 돌아간다. 싹을 틔운 씨앗 중에는 다른 씨앗이 다음 씨앗을 남겼을 때 그 씨앗을 위해 스스로 말라 죽어 양분이 되는 것도 있다. 이렇게 서로 연결된 수많은 씨앗이 세상에 태어나 땅 위에 가득 뿌려진다.

나는 무비료 재배법을 배울 수 있는 공간이자 종자은행의 역할을 하는 '씨앗 학교'가 자리잡는 데 전력을 다하고 있다. 그 첫걸음이 바로 이 책이다. 독자 여러분이 부디 이 책을 읽고 자연의 섭리를 깨달아 직접 무비료 재배에 도전해 꼭 성공하기 바란다.

오카모토 요리타카

재배의 기초

자연을 이해하는 법과
비료를 쓰지 않고 농사짓는 방법의 기초

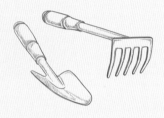

식물이
성장하는 구조

식물은 어떻게 자랄까? 숲이나 가로수를 보면 비료를 쓰지 않고도 잘 자라는데, 여러분은 혹시 그 이유를 생각해본 적이 있는가?

무비료 재배는 자연의 힘을 최대한 빌리는 농법이다. 인간이 개발한 화학 비료나 농약을 전혀 사용하지 않는다. 식물이 지닌 생명 활동의 본질을 이해하고 이를 방해하지 않는 선에서 식물을 돌보는 방법이라 할 수 있다. 무비료 재배를 실천하려면 그 전에 식물이 자라는 이유를 이해할 필요가 있다.

식물은 엽록체에서 광합성을 하고 당과 전분을 만들어낸다. 당과 전분은 식물 세포를 만드는 데 쓰일 뿐만 아니라, 토양 미생물이나 벌레를 키우고 그 수를 늘리는 데 쓰이기도 한다. 식물이 만들어낸 당은 관다발을 통해 뿌리로 보내져 조금씩 방출되는데, 미생물은 이 당을 먹이로 삼는다. 이러한 미생물을 '근권 미생물'이라고 한다.

말라버린 식물의 뿌리나 벌레의 사체를 다른 벌레가 먼저 섭취한 뒤 배

🌿 자연의 순환

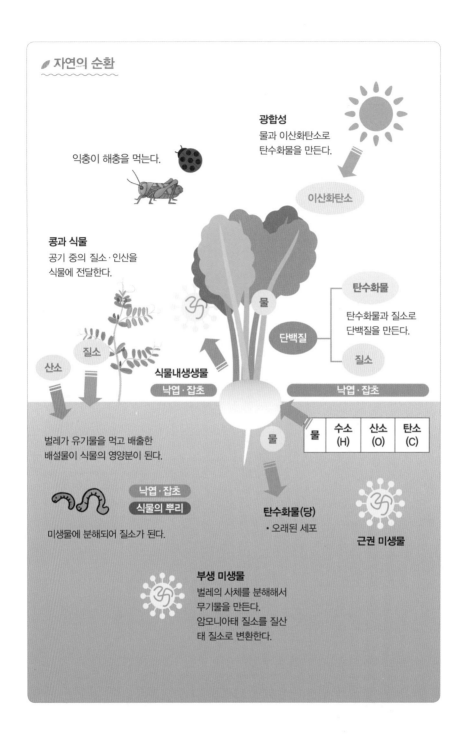

광합성
물과 이산화탄소로
탄수화물을 만든다.

익충이 해충을 먹는다.

이산화탄소

콩과 식물
공기 중의 질소·인산을
식물에 전달한다.

탄수화물

탄수화물과 질소로
단백질을 만든다.

단백질

질소

산소

질소

물

식물내생생물

낙엽·잡초

낙엽·잡초

벌레가 유기물을 먹고 배출한
배설물이 식물의 영양분이 된다.

물

물	수소 (H)	산소 (O)	탄소 (C)

낙엽·잡초

식물의 뿌리

미생물에 분해되어 질소가 된다.

탄수화물(당)
· 오래된 세포

근권 미생물

부생 미생물
벌레의 사체를 분해해서
무기물을 만든다.
암모니아태 질소를 질산
태 질소로 변환한다.

설하면 미생물이 그 배설물을 분해한다. 분해된 유기물은 탄산가스, 물, 암모니아, 질산염, 인산 등 식물의 생장에 필요한 무기물인 원소가 된다.

한편 식물은 광합성으로 만든 전분을 이용해 단백질을 만든다. 단백질은 식물 세포를 구성하는 성분 가운데 하나이므로 단백질 합성은 식물에 매우 중요한 생명 활동이라 할 수 있다. 단백질을 만들 때는 흙 속에 있는 원소를 이용한다. 이 과정에서 아미노산이 생성되는데, 아미노산은 벌레의 중요한 에너지원이 된다.

식물이 세포를 생성하기 위해서는 질산태 질소나 암모니아태 질소가 필요하며, 질소를 이러한 형태로 바꿔주는 것이 바로 미생물이다. 질소는 이처럼 미생물이 유기물을 분해하는 과정에서 생겨나기도 하지만 공기 중에서 토양으로 흡수되는 경우도 있다. 이렇게 공기 중에 있는 질소를 고정하는 역할을 하는 것이 '질소 고정균'이다. 콩과 식물의 뿌리에 기생하는 뿌리혹박테리아(근립균)도 질소 고정균에 해당한다.

식물이 비료 없이 성장할 수 있는 이유는 매우 간단하다. 바로 햇빛, 공기, 물로 광합성을 통해 만든 당과 전분 같은 탄수화물과 함께, 벌레와 미생물의 작용으로 생성된 토양 속 무기물인 원소가 식물을 성장시키는 것이다.

질소 순환

무비료 재배에서 가장 먼저 생각해야 할 것이 바로 '순환'이다. 자연 상태에서 모든 생명은 연결되어 있다. 지구 전체가 생명 순환을 위해 존재한다고 할 정도로 우리는 순환이라는 거대한 틀 안에 살고 있다. 그러니 당연하게도 이 고리가 올바르게 굴러가도록 해야 한다.

이 순환 고리 중 하나가 질소 순환이다. 질소는 식물과 동물 모두에 반드시 필요한 원소다. 질소가 순환해야 생명이 자란다. 질소가 없으면 식물은 세포를 생성하지 못한다. 질소의 바탕이 되는 것은 유기물이다. 나뭇잎이나 식물 뿌리, 벌레와 동물의 사체 등을 벌레가 먹거나 사상균이라 불리는 균이 분해하면 이를 다시 호기성 세균(산소가 없으면 살지 못하는 세균)이 분해해 질산을 만든다. 그렇게 만들어진 질산을 혐기성 미생물(산소가 없는 상태에서도 자라는 미생물)이 질소로 바꾼다.

그 밖에도 '질소 고정균'이라는 미생물이 있다. 질소는 공기 중에 가장 많이 들어 있는데, 질소 고정균은 공기 중에 있는 질소를 토양에 고정하는 역

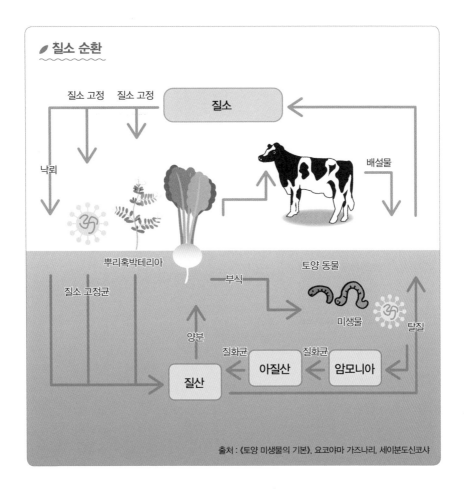

질소 순환

질소 고정　질소 고정　　　질소

낙뢰

배설물

뿌리혹박테리아

질소 고정균

토양 동물

부식

양분

미생물

탈질

질화균　　　질화균

질산　←　아질산　←　암모니아

출처 : 《토양 미생물의 기본》, 요코야마 가즈나리, 세이분도신코샤

할을 한다. 콩과 식물에는 뿌리혹박테리아라는 균이 기생하는데, 뿌리혹박테리아 역시 질소 고정균의 일종이다. 낙뢰 또한 공기 중의 질소를 토양에 고정하는 역할을 한다고 알려져 있다.

토양에 고정된 질소는 식물이 소비하며, 남은 질소의 일부는 공기 중으로 되돌아간다. 이를 '탈질'(脫窒)이라 한다. 식물이 비료 없이도 자랄 수 있는 것은 바로 이러한 질소 순환 때문이다.

하지만 이러한 질소 순환 고리가 쉽게 끊길 수도 있다. 예를 들어 제초제를 사용해 땅속 유기물을 제거하면 질소를 만들어낼 재료가 사라진다. 농약을 쓰면 미생물이나 토양에 사는 각종 동물이 사멸해버려 질소 순환을 막는다. 그래서 무비료 재배에서는 농약이나 제초제를 사용하지 않는다.

그 대신 무비료 재배에서는 질소 순환을 위해 유기물을 땅속에 꾸준히 섞어준다. 밭에서 풀을 끊임없이 키울 수는 없다 보니 어쩔 수 없이 질소 순환이 자연 상태만큼 원활하지는 않다. 그렇기 때문에 밭을 사용하고 나면 유기물을 흙으로 돌려보내는 것이다. 이것이 무비료 재배의 기본이다.

탄소 순환

식물을 기르려면 질소 외에 물이나 미네랄 같은 다른 영양분도 필요하다. 그중에서도 특히 중요한 것이 탄소다.

탄소 역시 순환하는데, 호흡을 통해 이루어지는 경우가 많다. 식물은 이산화탄소로부터 산소를 만들어내기도 하고, 반대로 산소로부터 이산화탄소를 만들어내기도 한다. 따라서 식물은 동물이 없어도 살 수 있다. 그러나 동물은 이산화탄소에서 산소를 만들어내지 못하므로 식물이 없으면 살아갈 수 없다. 그러므로 동물인 인간이 살기 위해서는 식물이 건강하게 자라야 한다.

밭도 마찬가지다. 비료를 쓰지 않고 채소를 재배하기 위해서는 먼저 식물이 숨을 쉬어야만 한다. 자연 상태의 흙은 표면을 그대로 드러내는 법이 없다. 반드시 그 위에 식물을 자라게 한다. 그리고 식물과 함께 흙 표면 전체로 숨을 쉰다. 자연이 그렇듯 밭도 최소한 이랑 위만큼은 식물로 가득 채워야 한다. 이랑 전체로 숨을 쉬기 위해서다. 그렇게 하면 밭에 탄소 순환이

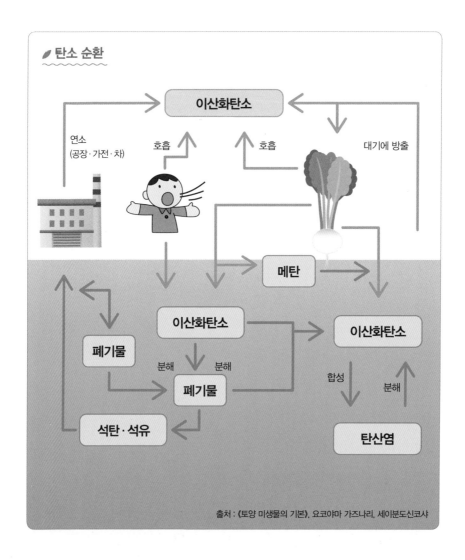

탄소 순환

이산화탄소

연소
(공장·가전·차)

호흡

호흡

대기에 방출

메탄

이산화탄소

이산화탄소

폐기물

분해

분해

합성

분해

폐기물

석탄·석유

탄산염

출처: 《토양 미생물의 기본》, 요코야마 가즈나리, 세이분도신코샤

시작된다.

이 밖에도 동식물의 분해나 연소가 탄소를 순환시킨다. 탄소 순환은 무비
료 재배에 반드시 필요하다. 식물이 광합성을 하며 성장하는 것, 동물이 식
물에서 배출된 산소로 호흡할 수 있는 것 모두 이러한 환경이 갖춰졌기 때

문이다.

 동물이 활발히 활동할수록 식물은 더욱 빠르게 성장한다. 동물이 유기물을 먹고 분해하는데다 벌레도 식물이 섭취할 영양분을 만들기 때문이다. 즉 식물을 성장시키려면 흙이 제대로 숨을 쉬게 해줘야 한다. 밭에 탄소 순환이 제대로 일어나고 있는지 반드시 확인하자.

식물의 필수 원소

식물이 성장하려면 햇빛, 물, 공기, 흙이 필요하다. 그중 흙은 식물이 세포를 만드는 데 필요한 필수 원소의 공급원이다. 무비료 재배를 하려면 적어도 원소의 흡수와 생성에 관한 기본 원리는 알아둬야 한다. 물론 필수 원소를 외부에서 인공적으로 조달하지는 않지만, 적어도 필수 원소를 고갈시키지 말아야 한다는 점을 인식해야 한다. 이것을 이해하지 못하면 흙이 점차 황폐해질 것이다.

질소, 인산, 칼륨. 이 세 가지는 비교적 친숙한 이름일 것이다. 이들은 식물이 가장 많이 사용하는 원소이므로 '다량 원소'라고도 불린다. 그렇다면 굳이 비료를 사용해 이 원소들을 공급하는 이유는 무엇일까.

먼저 질소, 인산, 칼륨의 원천이 되는 것이 무엇인지 생각해보자. 농업에서 말하는 질소는 질산태 질소를 가리킨다. 질산태 질소는 주로 유기물, 그중에서도 단백질에서 생긴다. 단백질이 분해되면 질산태 질소가 만들어진다. 자연 상태에서 단백질의 공급원은 동물 사체나 식물 뿌리다. 인산은 주로 벌레의 배설물에 들어 있다. 마지막으로 칼륨은 잎 속에 다량 함유되어 있어 잎이 분해되면 칼륨이 공급된다.

그런데 일반적인 밭에서는 먼저 풀을 베고, 잡초가 자라지 않도록 제초제를 살포한 다음 농약이나 화학 비료를 뿌린다. 그러면 벌레들이 죽고 만다. 이렇게 풀베기나 제초제·농약 살포 같은 작업을 반복하면 다량 원소의 공급원들이 사라진다. 잡초를 비롯한 유기물과 잎, 벌레가 모두 밭에서 사라지므로 질소와 인산, 칼륨의 공급원 또한 없어지는 셈이다. 결국 이들을 따로 공급할 수밖에 없다. 질소는 잎과 줄기를 만들고, 인산은 열매를 맺게 하며, 칼륨은 뿌리를 만드는 역할을 하므로 이 세 가지 원소는 식물이 자라는 데 반드시 필요하다.

만약 최소한의 풀만 제거한다면 질소나 칼륨의 공급원이 사라질 일도 없다. 그리고 벌레를 죽이지 않으면 인산의 공급원 또한 사라지지 않을 것이다. 즉, 무비료·무농약 재배에서는 풀과 벌레를 모두 이용하므로 필수 원소가 끊임없이 공급되는 구조다.

식물이 성장하는 데는 마그네슘이나 칼슘 같은 알칼리성 원소도 필요하다. 이 또한 매우 중요한 다량 원소다. 그러나 산성비의 영향으로 토양이 점차 산성화되고 있다. 이 산성화된 토양을 식물이 성장하기 좋은 약알칼리성이나 약산성, 중성으로 바꿔야 한다. 자연 상태에서는 낙엽이 퇴적되면서 잎에 들어 있던 칼륨, 칼슘, 마그네슘 같은 알칼리성 원소를 공급한다. 그러나 밭에는 낙엽이 퇴적되지 않으므로 알칼리성으로 바꾸기 힘들다. 그러므로 일반적인 밭에는 고토 석회라 불리는 알칼리성 비료를 뿌린다.

무비료 재배에서는 당연히 그런 비료를 사용하지 않는다. 하지만 무비료 재배에서도 당연히 마그네슘이나 칼슘 같은 알칼리성 원소를 공급할 필요가 있으므로 여러 방법을 동원해 이들이 고갈되지 않도록 관리해야 한다. 미네랄이 부족해지면 질소니 인산, 칼륨 같은 3대 원소를 흡수하는 능력이 나빠질 수 있으므로 마그네슘과 칼슘 또한 중요하다는 점을 잊지 말자.

산소와 수소는 비나 식물의 호흡을 통해 보충할 수 있으므로 인위적으로 공급하지 않아도 된다. 탄소는 식물의 호흡을 통해 공급된다. 이처럼 자연에서는 식물 성장에 필요한 필수 원소가 자연스럽게 공급된다. 잡초가 자라고 벌레가 숨을 쉬는 것만으로도 흙이 더욱 비옥해지는 것이다. 근·현대 농업의 가장 큰 단점이 바로 이것이다. 식물이 성장하는 데 필요한 원소를 밭에서 빼앗아버렸기 때문에 인간이 이를 비료 형태로 따로 공급해야만 작물이 자랄 수 있게 된 것이다.

🖋 식물의 필수 원소

질소(N) : 단백질을 만드는 원료
· 유기물 → 아미노산 → 암모니아태 질소 또는 질산태 질소로 변화한다.
· 미생물이 유기물을 분해한다.
· 미생물은 탄소(유기물)를 에너지로 만들어 증식한다.
· 식물 뿌리, 토양 동물·미생물 사체, 깻묵에 많다.

인(P)
· DNA를 만든다.
· 벌레의 배설물, 쌀겨(이노시톨6인산)에 많다.

칼륨(K)
· 초목 또는 초목회에 많다.

탄소(C), 산소(O), 수소(H), 칼슘(Ca), 마그네슘(Mg), 황(S)
· 질소, 인, 칼륨을 제외한 다른 원소는 공기나 물로 보충된다.

미량 원소

필수 원소에는 미량 원소(다량 원소에 비해 요구량이 적은 원소)인 미네랄도 포함된다. 작물을 키울 토양에는 오히려 미네랄이 더 필요하다고 할 정도로 중요한 물질이다. 이제껏 수많은 밭에는 지나치게 많은 질소와 인산, 칼륨이 뿌려졌다. 그 결과 이러한 미량 원소의 상대비가 떨어져 미네랄의 전체 균형이 무너지고 있다. 물론 미네랄을 고려한 시비(비료를 주는 것) 기술도 존재하지만, 그럼에도 여전히 질소·인산·칼륨의 3대 원소가 공급되는 비율이 현저히 높다.

무비료 재배를 할 때는 미네랄의 균형을 고려할 필요가 있다. 미네랄이란 주로 망간(Mn), 철(Fe), 구리(Cu), 붕소(B), 아연(Zn), 몰리브덴(Mo), 염소(Cl)를 말한다. 무비료 재배에서는 이러한 미네랄을 단독으로 시비하는 일이 없지만, 이 원소들이 부족해지면 식물 성장에 큰 지장을 주므로 흙에 있는 미네랄의 균형이 무너지지는 않았는지 확인해야 한다.

미네랄의 원천이 되는 것은 무엇인지 생각해보자. 미네랄은 주로 금속계 원소로 대부분 풀과 나무에 들어 있다. 즉, 정상적으로 성장한 초목에는 미네랄이 골고루 들어 있는 것이다. 병에 걸리지 않은 잡초에도 미네랄이 들어 있다. 가을에 지는 잎에도 미네랄이 듬뿍 들어 있다. 그러므로 흙 속에 미네랄이 골고루 들어 있게 하려면 이러한 잡초나 잎을 분해하면 된다.

그렇다고 해서 단순히 잡초를 땅속에 묻기만 하면 되는 것은 아니다. 자연 상태에서는 푸른 잎이 땅속에 묻힐 일이 없다. 푸른 잎에서 질소가 빠져나가야만 낙엽이 된다. 풀도 시들어야 미생물에 분해되어 흙으로 돌아간다. 무비료 재배에서는 잡초나 잎을 흙 속에 섞어 미네랄을 보충하는데, 그러기 위해서는 먼저 초목을 시들게 하거나 태워야 한다. 초목을 태우면 질소와 산소가 빠져나가 금속계 원소만이 남는데, 그 안에는 미네랄은 물론 다량 원소인 마그네슘, 칼륨, 칼슘도 있다. 이렇게 초목을 태워 만든 재인 초목회를 흙에 섞으면 식물에 미네랄을 공급할 수 있다.

나는 무비료 재배를 할 때 초목회를 자주 사용한다. 흙에서 태어난 것을 모두 흙으로 돌려보내기 위해 잡초를 베어 그 자리에서 말려 분해하거나 태워서 초목회를 만들어 섞는다. 미네랄이 부족해지면 작물이 연작 장애를 일으킨다. 단순히 미네랄이 부족해 발생한다기보다는 미생물의 균형이 깨지는 것이 연작 장애의 결정적인 원인이라고 한다.

연작 장애란 동일한 작물을 이듬해 같은 자리에 재배하면 병에 걸리거나 성장률이 현저히 떨어지는 것을 말한다. 가짓과 식물이나 콩과 식물에 자주 나타나는 현상인데, 이 때문에 농가에서는 해마다 자리를 바꿔가며 작물을 재배하는 것을 당연하게 여기고 있다. 하지만 잘 생각해보면 자연 상태에서는 연작 장애 같은 현상이 일어나지 않는다. 자연에서는 씨앗이 떨어져 이듬해에 같은 자리에 싹을 틔우는 것이 당연하기 때문이다. 따라서 연작 장애는 인간이 만들어낸 문제라고 추측할 수 있다.

미네랄의 균형을 맞추면 미생물의 균형도 바로잡혀 연작 장애를 예방할 수 있다. 어려워 보이지만 사실 간단한 일이다. 다양한 종류의 작물을 한곳에 재배해 미네랄의 균형을 맞추면 된다. 작물별로 이용하는 미네랄이 다르고, 공생하는 미생물 또한 다르기 때문이다. 나는 무비료 재배를 하면서 공영 식물(도움을 주고받는 관계에 있는 서로 다른 식물)을 적극적으로 활용해 다양한 종류의 채소를 한 이랑에서 키우고 있다. 그것만으로도 연작 장애를 효과적으로 막을 수 있다.

🖋 미량 원소

망간(Mn), 철(Fe), 구리(Cu), 붕소(B), 아연(Zn), 몰리브덴(Mo), 염소(Cl)

미생물이 유기물을 분해해서 만든다.
- 단백질 분해균군
- 셀룰로오스 분해균군
- 유지 분해균군
- 전분 분해균군

만들어진 미량 원소는 킬레이트 작용(금속 이온과 결합해서 금속 이온의 영향을 억제하는 현상)에 의해 흙을 구성하는 모래알에 결합한다.

미량 원소 부족
- 맛 저하, 영양소 저하, 항산화 작용 저하, 저항력 저하

미량 원소 편중
- 연작 장애를 일으킨다.

일곱 가지
식물 호르몬

식물 호르몬은 식물이 성장하는 데 필요한 호르몬으로, 다양한 조건에 따라 분비된다. 예를 들어 아브시스산(abscisic acid)은 씨앗 속에서 발아를 억제하는 호르몬이다. 이 호르몬이 분해되면 씨앗은 발아한다. 옥신이나 지베렐린은 과일나무나 열매채소가 열매를 맺을 때 분비된다.

가짓과 식물은 꽃가루가 암꽃술에 묻으면 옥신이나 지베렐린을 분비한다. 그러면 호르몬의 영향으로 식물이 열매를 맺는 착과를 시작한다. 열매가 확실히 맺히도록 합성 옥신이나 합성 지베렐린을 살포하는 경우도 있다.

씨 없는 포도를 재배할 수 있는 이유는 포도가 수정되기 전에 지베렐린 액에 담가 착과를 촉진하기 때문이다. 그러면 수분이 되지 않고도 열매를 맺으므로 씨가 생기지 않는다. 이러한 재배는 매우 인위적이고 부자연스러운 것이지만, 식물도 동물처럼 호르몬에 따라 성장을 하거나 열매를 맺는다는 사실은 알아뒀으면 한다.

그렇다면 어떻게 해야 식물 호르몬이 분비될까? 물론 과학적인 접근이 필요하지만, 무비료 재배에서 가능한 방법은 작물을 관리하는 것밖에 없다. 식물 호르몬, 특히 성장에 관련된 호르몬은 식물이 받는 스트레스에 따라 분비된다.

예를 들면 바람이 강하게 분다거나 기온이 갑자기 변하는 경우, 식물이 원치 않는 방향으로 자라도록 유도할 경우, 벌레에 먹히는 경우가 있다. 바람이 강하게 부는 곳에서 자라는 식물은 줄기가 두꺼워지고, 보리는 밟히면 가지가 갈라져 수가 늘어나기도 한다. 한 번 꺾인 부분이 더욱 굵어지기도 한다. 특히 자극·공생·접촉·파괴 등을 겪으면 식물 호르몬이 분비되므로 식물을 만지거나 손질하고 유인하는 모든 행위가 결국 식물 성장을 촉진하는 결과를 낳는다. 아니면 주위에 자신과 전혀 다른 성질의 식물이 자라는 경우, 즉 다른 식물과 공생할 때에도 식물 호르몬이 분비된다. 그러므로 다양한 공영 식물을 함께 심으면 성장을 가속화할 수 있다.

그 밖에도 바람에 흔들리도록 밭을 설계하거나 옆자리의 식물과 부딪히게 키우기도 한다. 이는 당근처럼 촘촘하게 심었을 때 잘 자라는 식물에 해당하는 특성이다. 이처럼 인간이 직접 하는 관리가 식물을 잘 자라게 하는 중요한 수단이 된다.

✎ 일곱 가지 식물 호르몬

옥신(성장 촉진·세포 비대)

지베렐린(세포 신장·세포 분열)

시토키닌(세포 분열·싹의 성장 촉진)

아브시스산(낙엽 촉진·휴면 촉진)

에틸렌(과수 성숙 촉진·휴면 타파)

브라시노스테로이드(성장 촉진·줄기 신장 촉진)

자스몬산(장애 스트레스 대응·낙엽 촉진)
• 자극·공생·접촉·파괴에 따라 분비

흙이란?

작물을 키우려면 먼저 흙이 무엇인지 알아야 한다. 흙의 주성분은 점토다. 수십억 년 전에 존재했던 바위산이 빗물에 침식되었고, 그것이 강을 따라 흘러 평야가 되었다. 이 평야는 점토 상태로 산소와 규산, 알루미늄 등으로 이루어졌다. 여기에 물이 고이고 이끼가 생겨나 식물이 싹을 틔우자 벌레가 나타났다. 그렇게 생겨난 식물과 벌레가 죽고 분해되어 식물의 영양소가 되는 질소나 칼륨, 미네랄 같은 원소가 생겨났다. 그 원소가 점토와 결합한 것이 바로 흙이다. 점토는 음전하를 띠고 원소는 양전하를 띠므로 서로 강하게 끌어당긴다.

점토와 결합하는 원소는 대부분 질소, 인산, 칼륨이다. 질소는 주로 식물의 잎이나 줄기를 만드는 데 사용된다. 인산은 열매를 맺게 하는 데 쓰이고, 칼륨은 뿌리를 만드는 데 사용된다. 물론 다른 원소도 성장에 필요하다.

이처럼 점토와 결합한 원소, 즉 영양분을 식물은 어떻게 사용할까. 이는 식물 뿌리와 큰 관련이 있다. 식물 뿌리의 구조는 종류에 따라 조금씩 다

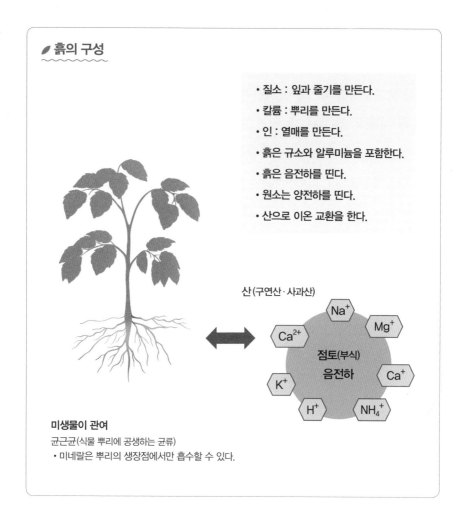

흙의 구성

- 질소 : 잎과 줄기를 만든다.
- 칼륨 : 뿌리를 만든다.
- 인 : 열매를 만든다.
- 흙은 규소와 알루미늄을 포함한다.
- 흙은 음전하를 띤다.
- 원소는 양전하를 띤다.
- 산으로 이온 교환을 한다.

산 (구연산·사과산)

Na^+ Mg^+
Ca^{2+}
점토(부식)
음전하 Ca^+
K^+
H^+ NH_4^+

미생물이 관여
균근균(식물 뿌리에 공생하는 균류)
- 미네랄은 뿌리의 생장점에서만 흡수할 수 있다.

르지만, 기본적으로 쌍떡잎식물의 뿌리는 원뿌리와 곁뿌리로 나뉜다. 원뿌리는 대부분 물을 찾아 밑으로 뻗어나간다. 옆으로 뻗는 곁뿌리는 영양분을 찾는다. 곁뿌리에서는 뿌리털이 자라는데, 이 뿌리털이 중요한 역할을 한다.

뿌리털 끝에는 매우 많은 미생물이 살고 있다. 이들을 '근권 미생물'이라고 부른다. 식물은 뿌리털 끝에서 산을 내뿜는데 이는 근산이라고 한다. 식물 뿌리는 근산 중에서도 주로 풀브산을 내보내 킬레이트 상태(29쪽 참조)를 파괴해 모래알에서 원소를 분리한다. 그러면 이온화한 미네랄이 이온 교환을 통해 식물에 흡수되는데, 근권 미생물은 그중에서 인산을 비롯한 미네랄을 식물 뿌리에 전달해주는 역할을 한다. 그 대신 식물은 광합성으로 생성한 탄소화합물(당이 대표적이다.)을 미생물에 건넨다. 즉 이들은 서로 도움을 주고받는 공생관계다. 참고로 모종을 밭에 옮겨 심을 때 물에 300~500배로 희석한 식초를 섞으면 이러한 작물의 영양 흡수 작용을 더욱 활성화할 수 있다.

입단화란?

토양 동물과 토양 미생물은 유기물을 분해해 식물 성장에 필요한 원소를 만든다. 토양 미생물에는 사상균, 방선균, 세균 등이 있는데 이들 대부분은 공기를 필요로 하는 호기성 미생물이다. 물론 공기를 필요로 하지 않는 혐기성 미생물의 힘도 빌리기는 하지만, 그 전에 호기성 미생물이 많이 존재해야만 한다.

그러려면 토양 안에 공기가 필요하다. 더불어, 보수력(흙이 수분을 보존할 수 있는 힘)과 반대로 필요하지 않은 물을 내보내는 물리적인 구조, 토양 동물이 돌아다닐 수 있는 틈이 있는 구조가 필요하다. 이러한 조건을 갖춘 흙을 '입단화한 흙'이라고 한다. 입단화란 토양 입자 여러 개가 모여 떼알 구조를 형성하는 것으로, 토양이 입단화하면 토양의 통기성과 투수성이 향상된다.

앞서 설명한 흙 구조에 따르면, 흙은 음전하를 띠는 점토에 양전하를 띠는 원소가 결합해 있다. 점토는 양전하를 띠는 원소에 둘러싸인 상태이므로 유기물이 분해되면 흙이 서로 반발을 일으키면서 조금씩 틈이 벌어져

🍃 입단화를 가능하게 하는 요소

1. 혐기성 미생물
2. 호기성 미생물
3. 균을 활동하게 하는 것
   ① 공기
   ② 물
   ③ 빛
   ④ 유기물
      Ⓐ 잡초 뿌리
      Ⓑ 마른 잎
      Ⓒ 토양 동물
      • 유기물은 분해되어 양전하를 띠므로
        음전하를 띠는 흙과 서로 끌어당긴다.
        입단화한 흙끼리는 서로 반발한다.

물

혐기성 미생물

흙

호기성 미생물

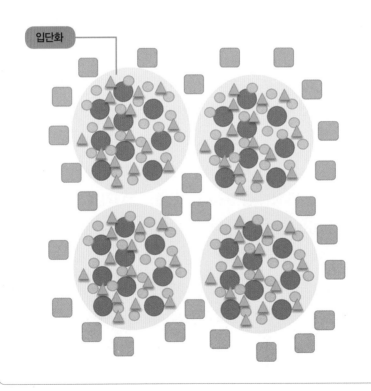

입단화

입단화한다. 이 입단화를 일으키는 것이 흙을 만드는 매우 중요한 포인트다. 그럼 흙을 입단화하려면 어떻게 해야 할까. 흙 속에 유기물이 끊임없이 존재하는 상황을 만들어주면 된다. 예를 들어 식물 뿌리가 있다. 씨를 맺고 시들어버린 식물의 뿌리는 흙 속에서 분해 대상이 되는 유기물이다. 미생물이 이러한 뿌리를 분해하면 흙 속에 틈이 생길 뿐만 아니라 양전하를 띠는 원소가 생겨나 흙이 입단화한다. 물론 토양 동물이 지상의 유기물인 잎을 먹고 흙으로 돌아와 배설을 하면 이 또한 미생물에 분해되어 입단화를 촉진한다. 즉, 입단화하는 흙을 만들려면 흙 속에 벌레가 있는 상태를 만들고 유기물이 끊임없이 공급되도록 해야 한다.

잡초가 자라면 식물 뿌리가 늘어나므로 유기물을 공급하는 데 도움이 된다. 더군다나 잡초는 광합성으로 생성한 당을 뿌리에 보내므로 미생물인 세균 또한 점점 늘어난다.

다만 잡초는 생명력이 엄청나게 강한 식물이다. 잡초는 그 땅에서 수백 년을 살아온 가장 강력한 재래종이기 때문이다. 따라서 작물이 오히려 잡초에 밀릴 수 있다. 그래서 작물 주변에 잡초가 아닌 상추, 깻잎, 시금치 같은 잎채소를 잔뜩 심는 방법을 추천한다. 다시 말해, 공영 식물을 심는 것이다. 잎채소는 다 자라기 전에 뜯어 먹을 수 있으므로 이랑을 관리하기 용이하다.

뿌리가 하는 일과
올바른 물 주기

식물 뿌리는 무슨 일을 할까? 재배를 하려면 반드시 이 질문에 대답할 수 있어야 한다. 뿌리는 식물의 몸이다. 원뿌리는 물을 찾으러 다닌다. 식물은 그렇게 찾은 물을 아래에서 빨아들이는 방식으로 물을 공급한다. 자연에서의 물은 위에서 내리기 때문에 식물이 위에서부터 물을 흡수한다고 착각하기 쉽지만, 이는 사실이 아니다. 흙 속에 스며든 물은 지하수까지 도달하거나 흙 속 점토질 부분인 경반층에 모여 있다. 식물은 이렇게 아래에 고인 물을 빨아올리는 것이다. 따라서 물은 식물보다 아래에 있는 것이 좋다.

 사람들은 물을 줄 때 흔히 잘못된 방법을 사용한다. 식물은 광합성을 하기 위해 물을 필요로 하지만, 물을 흙 속에서 빨아들이는 식물의 성질을 무시하고 위에서부터 물을 듬뿍 줘버리는 것이다. 이처럼 잘못된 방법이 식물을 병에 걸리게 하는 가장 큰 원인이다. 일반적으로 식물의 잎은 물을 싫어한다. 비가 내려도 식물의 잎에는 왁스 성분이나 유지(기름)가 있어 물을 튕겨내 지상으로 떨어뜨려 버린다. 즉, 잎으로 물을 흡수하지 않는다. 오히

🌿 뿌리의 역할

흙 만들기의 차이

원뿌리

곁뿌리

뿌리털

쌍떡잎식물
- 높은이랑
- 부드러운 흙
- 영양은 곁뿌리에
- 물은 원뿌리에

외떡잎식물
- 낮은이랑
- 단단한 흙
- 물과 영양은 윗부분에

쌍떡잎식물의 뿌리
- 곧은뿌리
  (원뿌리와 곁뿌리로 구성)

외떡잎식물의 뿌리
- 수염뿌리

려 잎의 뒷면에 있는 기공(숨구멍)을 통해 수분을 뱉어낸다.

　비가 내리면 물이 지면에 쏟아지면서 튀어 올라 잎의 뒷면에 달라붙어 버릴 때가 있다. 이때 토양 표면에 있던 병원균이 기공에 달라붙어 그곳을 통해 식물 안으로 침투하기도 한다. 또 흙이 항상 젖어 있으면 땅 위의 습도가 높아지는데, 작물은 대부분 질병의 원인이 곰팡이일 정도로 습기에 취약하다. 땅이 젖어 있으면 잎이 병에 걸려 약해지고, 그곳을 통해 또다시 병원균이 침입할 수 있다. 또한 잎 표면에는 질병이나 벌레로부터 식물을 보호하는 미생물이 살고 있는데, 물이 많이 쏟아지면 이러한 미생물이 씻겨 내려갈 수도 있다.

식물이 걸리는 질병의 원인은 물을 잘못된 방법으로 주는 데 있다. 식물에 물이 필요한 것은 당연한 사실이지만 올바른 방법으로 공급해야 한다. 물을 줄 때는 식물 위에서 뿌리는 것이 아니라 '식물이 살고 있는 흙을 적신다'는 생각으로 주는 것이 중요하다.

미생물의 역할

토양과 식물의 관계를 살펴보려면 토양 미생물이 무엇인지 이해해야 한다. 미생물이란 매우 작은 생물이라는 뜻으로, 단지 박테리아 같은 세균만을 가리키지는 않는다. 작은 토양 동물이나 곰팡이도 미생물의 일종이다.

유기물은 미생물 입장에서 매우 큰 물질이므로 일반적으로는 곧바로 분해하지 못한다. 먼저 벌레 같은 큰 동물이 유기물을 먹은 다음, 이를 배설물로 배출하면 그다음 세균류가 이를 분해한다. 또는 미생물 중에서도 사상균이라 불리는 버섯이나 곰팡이류가 유기물을 분해한다. 그 과정을 거쳐 작아진 것을 다시 세균이 분해한다. 이러한 미생물을 부생 미생물이라고 한다.

자연 상태에서 흙 위에 떨어진 풀은 서서히 말라 분해되는데, 이때 고초균의 강력한 분해력이 작용한다. 고초균은 살아 있는 식물에도 존재한다. 다만 살아 있는 동안에는 분해 작용을 하지 않다가 낙엽수나 식물의 뿌리가 말라 활동을 멈췄을 때 유기물을 분해한다. 토양에 있는 고초균을 늘리면 유기물이 빠르게 분해되므로 고초균이 쉽게 늘어나도록 토양의 상태를 수분량 20% 이상, 온도 20~50도로 관리하면 분해 속도를 조절할 수 있다.

흙 속에서 유기물을 빠르게 분해시켜 부식이 많고 입단화한 흙을 만들고 싶다면 흙 속에 마른 잎을 섞고 물을 뿌린 다음, 온도가 올라가도록 쌀겨 같은 것을 넣는다. 그러면 쌀겨의 효모균과 유산균이 발효를 일으켜 온도가 상승한다. 이것이 무비료 재배에서 흙을 만드는 방법이다.

사상균은 잎뿐만 아니라 나뭇가지 같은 목질류도 분해할 수 있을 만큼 분해력이 강하다. 그렇기 때문에 잎이나 가지가 섞인 유기물에 물과 쌀겨를 섞어 따뜻한 곳에 두면 처음에는 사상균이 나타나 나뭇가지 같은 목질류를 분해한다. 이때 주의할 점이 있다. 사상균은 살아 있는 식물과 말라 죽은 식물을 구분하지 않으므로 식물 뿌리까지 분해해버려 질병을 일으키거나 말라 죽게 할 수 있다는 점이다.

이처럼 흙과 마른 잎, 쌀겨, 물을 사용해 유기물의 분해 속도를 올려 퇴비를 만들 경우에는 사상균이 증가해도 상관없다. 하지만 사상균이 늘어나고 있는 흙을 그대로 밭에 섞으면 식물에 문제가 생긴다. 그러므로 밭 구석에서 퇴비를 만든 다음 사상균이 사라진 후에 사용하는 것이 좋다.

부생 미생물

세균, 방선균, 사상균, 효모균, 유산균, 피시움균, 고초균
• 유기물을 분해해 원소를 만든다.
• 효모균, 유산균 → 당 분해
• 낫토균, 효모균, 방선균 → 비타민 · 미네랄 · 식이섬유 분해
• 사상균 → 당화

유산균

미생물의
또 다른 역할

미생물 중에는 유기물을 분해하는 것 외에도 식물과 공생 관계를 이루는 것들이 있다. 이들을 '공생 미생물' 또는 '기생 미생물'이라 부른다.

공생 미생물 중에서 가장 유명한 것이 균근균이다. 균근균은 식물 뿌리에 공생하면서 토양에 존재하는 인 같은 원소를 식물에 전달하는 대신, 식물 뿌리의 노폐물이나 뿌리에서 내보내는 당을 먹고 살아간다.

뿌리혹박테리아라는 균은 콩과 식물의 뿌리에 기생하면서 공기 중의 질소를 식물에 전달하는 역할을 한다. 그 대신 식물이 광합성으로 만든 탄소화합물을 얻어 살아간다.

식물과 공생하는 균의 수는 상당히 많다. 균근균의 일종인 VA(Vesicular Arbuscular) 균근균만 하더라도 약 150종이 있으며 식물에 따라 그 종류가 다르다. 즉 식물이 다양해지면 미생물 종류도 다양해지는 것이다.

이 같은 균들을 '식물내생생물'이라고 부르기도 한다. 식물내생생물은 식물을 자라게 할 뿐만 아니라 식물을 병원균으로부터 보호하는 역할도 맡고 있다. 이 미생물을 늘리는 것이 곧 식물의 건강을 지키는 일이다. 미생물을 늘리려면 식물이 충분히 광합성을 할 수 있는 환경을 조성해야 하고, 농약을 사용해 미생물을 죽이지 말아야 하며, 흙이 그대로 드러나지 않게 해 적절한 습도와 온도를 유지해야 한다. 또한 자외선으로부터 식물을 보호해주고, 토양을 약산성~약알칼리성으로 바꾸는 것이 바람직하다. 마그네슘이 고갈되지 않도록 주의하고, 개량한 토양의 산도를 유지하는 일도 중요하다.

식물의 잎 표면에도 미생물이 산다. 이 또한 식물내생생물의 일종으로 식물을 질병으로부터 보호하고 벌레가 잎을 함부로 먹지 못하도록 지켜준다. 잎 표면에 서식하는 미생물은 벌레가 잎을 갉아먹으면 독성 물질을 방출하며, 다른 잎에 경계 신호를 보내기도 한다. 인간이 유산균 같은 세균과 공생하는 것과 마찬가지로, 식물도 미생물과 공생한다. 미생물이 살기 좋은 환경을 만드는 일은 무비료 재배에서 가장 중요하다.

🖉 공생 미생물과 식물내생생물

공생 미생물
• 균근균, 뿌리혹박테리아
– 균근균은 뿌리에 공생하며 인산이나 질소를 식물에 전달하는 대신 탄소화합물을 얻어 성장한다.
– 뿌리혹박테리아는 콩과 식물의 뿌리에 서식하며 식물에 질소를 전달하는 대신 탄소화합물을 얻어 성장한다.
– VA균근균(6속 150종)

식물내생생물
• 질병 예방
• 충해 예방

흙에 필요한 것

식물을 키우려면 햇빛, 공기, 바람, 물, 흙이 필요하다. 흙 속에 토양 동물과 토양 미생물이 서식한다는 사실은 이제 알았을 것이다. 무비료 재배에서는 미생물이 줄어들지 않게 하거나 늘리는 일이 특히 중요하다.

자연 농법 같은 재배 방식에서는 "흙을 갈지 마라."라는 이야기를 많이 한다. 밭에 있는 흙을 갈면 생물상(어떤 지역에 서식하는 모든 생물종)이 파괴되어 작물이 제대로 성장하기 힘든 환경이 된다는 것이다. 하지만 밭이라는 것부터가 이미 그 자리에 있던 나무를 베고 풀을 뽑아 땅을 일궈 만든 땅이므로, 밭의 생물상은 이미 상당히 파괴되어 있다는 것을 전제로 생각해야 한다.

"밭을 갈지 마라."라는 것보다, "갈지 않아도 작물이 잘 자라는 흙을 만들어라."라고 하는 것이 좀 더 정확한 표현이다. 그러려면 미생물이 살기 좋은 환경을 유지해야 한다. 미생물 대부분은 산소가 필요한 호기성 미생물이므로 우선 공기가 풍부해야 한다.

햇볕을 쬘 수 있어야 하며 온도도 적절해야 한다. 딱딱하고 치밀한 점토질에는 미생물이 살기 어렵다. 밭이 점토질이라면 갈아줘야 한다. 물도 필요하므로 보수성이 좋아야 하시만, 니무 지나쳐서도 안 되므로 이러한 경우 역시 밭을 갈아야 한다.

미생물은 살아 있는 생물이므로 그 자리에는 당연히 미생물에 먹이를 제공할 식물도 필요하다. 예를 들어 작물의 뿌리 또는 작물 주변에 자라는 작은 식물이나 마른 잎을 유기물로 흙 속에 남길 필요가 있다. 살아 있는 뿌리가 있어야만 미생물이 뿌리에 기생해 당을 얻는 공생 관계도 생긴다.

무비료 재배라고 해서 단지 흙만 있으면 되는 것이 아니다. 살아 있는 식물과 말라 죽은 식물도 필요하다. 이러한 것들이 식물을 성장시키는 영양분이 되고, 미생물을 키우는 먹이가 된다.

🖋 흙을 만들 때 중요한 점

미생물
- 미생물이 살기 좋은 환경을 만든다.
- 온도는 20~30도를 유지한다.
- 공기와 물이 적당히 있어야 한다. 햇볕을 적당히 쬐어야 한다.

유기물
- 미생물의 먹이가 될 만한 것이 지속적으로 필요하다.
- 작은 식물을 함께 키운다.
- 작은 식물의 뿌리는 뽑지 말고 남겨둔다.
- 부엽토를 이용한다.

식물의 잎과 가지가 분해되어
만들어진 부엽토

잎의 역할과
식물내생생물 활용

이제 잎의 역할을 알아보자. 잎은 알다시피 광합성이라는 중요한 임무를 맡는다. 광합성은 엽록체가 햇빛, 공기, 물을 이용해 탄수화물을 합성하는 화학 반응이다. 광합성을 통해 당이나 전분이 만들어진다. 이 탄수화물은 식물의 체내에 저장되며 뿌리로도 보내진다. 뿌리로 간 당은 뿌리 끝에서 방출되어 뿌리 주변에 있는 근권 미생물의 먹이가 된다. 식물이 근권 미생물과 공생 관계에 있다는 것은 앞서 이야기한 바 있다. 근권 미생물은 영양 흡수를 위해 반드시 필요한 존재다.

광합성으로 만든 당과 전분은 작물의 맛을 결정한다. 그리고 전분은 토양 속 질소나 미네랄을 이용해 단백질로 변환되어 당과 함께 식물 세포를 구성하는 물질의 일부가 된다.

해 뜰 무렵 잎을 보면 물방울이 맺혀 있을 때가 있다. 이 물방울은 아침 이슬일 때도 있지만, 식물에서 내보내는 분비액일 때도 있다. 이는 수분을 조절하기 위한 것으로, 분비액에는 불필요해진 미네랄 같은 원소가 들어 있다고 한다. 질소가 많은 밭에서 자란 식물에는 질산태 질소가 많이 들어 있는데, 물방울은 질소를 밖으로 내보낸다. 이러한 물방울이 증발할 때 그 안에 든 질소의 냄새를 맡고 벌레들이 몰려드는 것으로 알려져 있다. 따라서 질소가 너무 많으면 충해가 심해지므로 주의한다.

앞서 이야기한 것처럼 잎 표면에 있는 미생물은 식물의 질병 감염을 막는다. 인간 몸에 서식하는 여러 균을 상재균이라고 하는데, 상재균처럼 잎에 침투하는 박테리아를 저지하는 것이다. 그런데 이 역할을 하는 미생물이 농약으로 사멸될 때가 있다. 그러면 식물은 무방비 상태가 되므로 쉽게 질병에 걸린다.

식물 중에는 벌레가 잎 표면을 갉아먹으면 벌레를 줄일 화학 물질을 방출하는 것도 있으며, 어떤 잎이 벌레에 먹히면 다른 잎까지 먹히지 않도록 미생물끼리 연락을 주고받기도 한다. 그런데 농약을 뿌리면 이러한 작물의 방어 기능까지 사라질 수 있다.

🌿 잎의 역할

광합성
• 탄수화물을 만든다.

분비액
• 불필요한 수분과 미네랄을 방출한다.

질병 감염 방지
• 식물내생생물

충해 방지
• 식물끼리 정보를 교류한다.

달을 보라

파종을 할 때는 태양의 높이, 기온, 습도를 비롯해 따져야 할 여러 가지 조건이 있지만 파종 시기도 중요한 요소다. 파종은 보름달이 가까워질 무렵에 하는 것이 좋다. 여기에는 몇 가지 이유가 있다. 첫째, 지하수의 위치다. 지구는 달의 인력에 맞춰 숨을 쉰다. 지하수는 보름달이 뜬 날과 초승달이 뜬 날에 위치가 달라진다. 보름달이 뜬 날은 지하수의 수위가 높아져 지표면 부근의 흙까지 적시므로 씨앗을 뿌리면 물을 바로 흡수할 수 있다. 또 씨앗 중에는 발아할 때 빛이 필요한 호광성 종자가 있는데, 호광성 종자는 달빛이 환할 때 발아율이 올라간다고 알려져 있다. 달빛은 햇빛이 달 표면에 반사된 것이므로 햇빛과 다름없기 때문이다. 달빛에는 종자를 질병으로부터 보호하는 힘이 있다는 말까지 있을 정도다.

　보름달이 가까워질 무렵에 씨를 뿌리면 좋은 이유가 또 있다. 보름달과 초승달이 뜨는 날에는 달과 태양, 지구가 놓이는 위치가 바뀐다. 보름달이 뜨는 날에는 태양-지구-달의 순서대로 놓이지만, 초승달이 뜨는 날에는 태양-달-지구의 순서대로 놓인다. 태양과 지구, 달과 지구 사이에는 인력이 작용한다. 지구의 지표면을 중심으로 생각했을 때, 초승달이 뜨는 날에는 달과 태양이 같은 방향으로 지표면을 끌어당긴다. 하지만 보름달이 뜨는 날에는 달은 위로, 태양은 아래로 지표면을 끌어당긴다. 물론 낮과 밤에 따라 방향은 달라지지만 달과 태양의 인력이 서로 균형을 이루는 것이다.

달과 식물의 관계

달빛
• 호광성 종자의 발아에는 달빛이 필요하다.

달과 비
• 토양이 빗물에 젖은 후에 비추는 달빛은 발아를 더욱 촉진한다.

달과 인력
• 보름달이 가까워질수록 달과 태양의 인력이 균형을 이룬다.

농업은 음력을 따른다.

파종은 보름달이 가까워질 무렵에 한다.

열매채소, 콩과 작물은 초승달이 떴을 때나 보름달이 가까워질 때 수확한다.

잎채소, 뿌리채소는 보름달이 뜬 후에 수확한다.

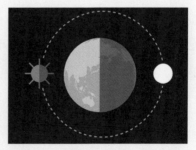

보름달이 뜨는 날에는 태양, 지구, 달이 일직선 상에 놓인다.

이때 식물은 뿌리를 더 쉽게 뻗는다.

  씨앗이 가장 먼저 하는 일은 뿌리를 뻗는 것인데, 처음 뻗는 뿌리는 매우 작고 가늘어 힘이 없다. 식물이 이 뿌리를 제대로 뻗지 못하면 줄기가 튼튼하게 자라지 않는다. 초승달이 뜨는 날에는 태양과 달이 같은 방향으로 지표면을 잡아당기므로 지표면에 강한 인력이 작용해 씨앗이 뿌리를 뻗기도 전에 줄기가 먼저 자라 식물이 허약해질 가능성이 높다.

  이 밖에도 잎채소는 보름날에 수확해야 수분이 잎에 골고루 퍼지고, 열매채소는 초승달이 뜨는 날에 수확해야 수분이 적어 더 맛있으며, 뿌리채소는 지하수가 지표면 가까이 올라오는 보름에 수확하는 것이 좋다는 말도 있다. 이처럼 작물과 달의 움직임은 떼려야 뗄 수 없는 관계다.

재배의 기초 요점 정리

자연의 순환

- 식물은 엽록체로 광합성을 해 당과 전분을 만든다.
- 미생물은 식물이 만든 당을 먹고 토양 동물의 배설물을 분해한다.
- 유기물을 분해하면 무기물인 원소가 발생한다.
- 식물은 원소를 이용해 에너지를 만든다.

질소 순환

- 호기성 미생물은 동식물을 분해해 질산을 만든다.
- 혐기성 미생물은 질산을 질소로 바꾼다.
- 질소 고정균은 공기 중의 질소를 토양에 고정시킨다.
- 식물은 토양에 고정된 질소를 소비하며 남은 질소를 다시 공기 중으로 보낸다.

탄소 순환

- 식물은 호흡으로 이산화탄소를 흡수 및 배출한다.
- 동식물의 분해나 연소는 탄소를 순환시킨다.
- 탄소가 순환한다는 것은 흙이 숨을 쉬는 것과 같다.

다량 원소와 미량 원소

- 다량 원소 : 질소, 인산, 칼륨, 탄소, 수소, 칼슘, 마그네슘, 황
- 미량 원소 : 미네랄(망간, 철, 구리, 붕소, 아연, 몰리브덴, 염소)

흙의 입단화

- 공기가 통하고 수분이 조절되는 토양 입자의 구조를 입단화라고 한다.
- 입단화는 호기성 미생물과 혐기성 미생물이 형성하며 다양한 요소로 촉진된다.

미생물

- 부생 미생물 : 세균, 방선균, 사상균, 효모균, 유산균, 피시움균, 고초균
- 공생 미생물 : 균근균, 뿌리혹박테리아

밭과 흙

밭 설계하기와 흙 만들기

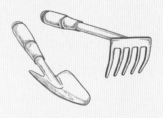

밭 설계

무비료 재배의 기본을 간략히 설명했으니 이제 실제로 밭을 설계하는 방법부터 재배 방법, 관리 방법 등을 알아보자. 우선 알아둬야 할 규칙이 있다. 첫 번째는 이랑을 길게 만들지 않는 것이다. 보통 긴 이랑 한 줄에는 채소를 한 종류만 심으려고 생각하기 쉽다. 그러나 채소는 같은 종류만 키우기보다는 주위에 다양한 채소를 키워야 더 잘 자란다.

단독으로 키웠을 때 잘 자랄 수 있는 것은 '상호대립억제작용'을 하는 식물뿐이다. 상호대립억제작용은 타감작용이라고도 부르며 다른 식물이 잘 자라지 못하도록 화학 물질을 방출하는 식물의 힘을 말한다. 양미역취(122쪽 참조)가 한 면에 넓게 퍼질 수 있는 것은 바로 상호대립억제작용 때문이다. 이러한 힘이 없는 식물은 다른 식물, 특히 과(科)가 다른 식물의 힘을 빌려 자라기도 하므로 작물을 한 종류만 키우지 않는 것이 좋다. 이것은 이랑하나뿐만 아니라 밭 전체에 해당되는 말이다.

두 번째로, 이랑의 방향이 반드시 한 방향일 필요는 없다. 예를 들어 남북

밭 지도(예)

북

창고 건물	봄·여름 : 오크라, 옥수수　　가을·겨울 : 토란, 쑥갓	채종용 작물 이랑 (십자화과)
작물 잔해 보관	윤작 : 밀, 풋콩	
	윤작 : 밀, 풋콩	

물의 흐름 →(아래 방향)

서

동

상단 이랑 (연중 / 여름채소)

- 연중 : 양파
- 연중 : 당근
- 연중 : 양파
- 연중 : 당근
- 여름채소 : 피망　가을·겨울 : 무
- 여름채소 : 피망　가을·겨울 : 무
- 연중 : 감자
- 연중 : 고구마
- 여름채소 : 오이　가을·겨울 : 시금치
- 여름채소 : 고추　가을·겨울 : 래디시
- 여름채소 : 오이　가을·겨울 : 시금치

우측 이랑

- 채종용 작물 이랑 (뿌리채소)
- 봄·여름 : 토마토·호랑이 강낭콩　가을·겨울 : 배추·쑥갓·차조기
- 봄·여름 : 토마토·호랑이 강낭콩　가을·겨울 : 배추·쑥갓·차조기
- 봄·여름 : 토마토·호랑이 강낭콩　가을·겨울 : 배추·쑥갓·차조기
- 채종용 작물 이랑 (잎채소)

하단 이랑

- 봄·여름 : 단호박　가을·겨울 : 파·마늘·부추
- 봄·여름 : 단호박　가을·겨울 : 파·마늘·부추
- 봄·여름 : 단호박　가을·겨울 : 파·마늘·부추
- 연중 : 쑥갓
- 여름채소 : 가지　가을·겨울 : 양배추
- 연중 : 쑥갓
- 여름채소 : 가지　가을·겨울 : 양배추
- 연중 : 경수채
- 연중 : 청경채
- 봄·여름 : 주키니 호박　가을·겨울 : 브로콜리
- 연중 : 상추
- 봄·여름 : 주키니 호박　가을·겨울 : 브로콜리
- 연중 : 상추
- 봄·여름 : 강낭콩　가을·겨울 : 순무

물의 흐름 ←

남

56

으로 기울어진 밭의 경우, 이랑을 남북으로 만들면 토양이 유실된다고 해서 전부 동서 방향으로 만드는 경우가 많다. 그러나 이는 바람이나 햇볕, 물의 움직임을 완전히 무시하는 지형이기 때문에 작물이 제대로 크지 못할 가능성이 높다. 물론 실제로 토양이 유실되는 경우도 있지만 그것은 지표면을 그대로 드러냈을 때의 이야기다. 밭에는 풀이 자란다. 이랑이 풀로 덮여 있으면 토양은 쉽게 유실되지 않는다.

　세 번째로 이랑을 부수거나 새로 만드는 것은 이랑이 힘을 잃었을 때뿐이다. 그러므로 해마다 쓸 이랑을 새로 설계할 필요는 없다. 여기에 '릴레이 재배'라는 개념이 있다. 봄·여름 채소를 키운 다음, 이 채소를 모두 수확하기 전에 가을·겨울 채소를 심는 방법이다. 이 경우 채소의 궁합이 매우 중요하므로 재배 계획을 세울 때 봄·여름 채소와 가을·겨울 채소가 얼마나 잘 어울리는지 생각하면서 밭을 설계한다. 이랑 길이는 정해져 있으므로 이를 바탕으로 키울 작물의 양을 정하고, 작물 사이의 궁합과 수확량 및 채소를 교체할 타이밍을 고려한다. 여름에 가짓과 채소를 키우고 겨울에 십자화과 채소를 심거나, 여름에 박과 채소를 심고 겨울에 국화과 채소를 심는 식으로 설계해나간다. 작물 사이의 궁합에 관한 자세한 내용은 이 책의 다섯 번째 장에서 설명한다.

바람 살피기

무비료 재배에서 가장 먼저 살펴야 할 것은 햇볕도, 흙도, 물도 아닌 바람이다. 식물은 바람의 힘으로 성장한다고 해도 과언이 아니다. 그러니 바람을 밭에 어떻게 들여놓을 것인지 생각해야 한다.

바람은 장애물을 따라 방향을 바꾼다. 강한 작물에 부딪히면 바람이 옆으로 휜다. 약한 작물에 부딪히면 그대로 통과한다. 바람이 강하다면 장애물이 있어도 부는 방향이 거의 바뀌지 않는다. 바람이 불어오는 방향과 흘러나가는 방향이 서로 반대가 될 때는 있지만, 남북으로 강한 바람이 부는 밭에 동서로 강한 바람이 동시에 부는 일은 거의 없다. 그러므로 우선 가장 강한 바람이 어디에서 불어와 어디로 흘러가는지 확인한다. 아침, 점심, 저녁에 걸쳐 세 번 확인하는 것이 좋다.

일반적으로 아침에는 고지대에서 저지대로 바람이 불며, 바다가 가까운 곳은 육지에서 바다를 향해 바람이 분다. 기온이 상승하는 낮이 되면 저지대에서 고지대로 바람이 불고, 바다에서 육지로 바람이 불어온다. 밤이 되면 다시 아침과 같은 방향으로 분다.

식물은 강한 바람을 맞으면 줄기를 두껍게 하려고 한다. 식물이 줄기를 두껍게 하는 것은 '영양 성장'을 하는 생리 현상이다. 식물은 이 밖에도 '생식 성장'을 한다. 바람이 강하게 불면 영양 성장이 강하게 작용해 줄기가 두꺼워지는 반면, 생식 성장은 활발히 일어나지 않아 열매채소의 열매나 콩류 및 곡물의 씨앗을 맺기 힘들어진다. 잎채소도 줄기가 두꺼워지면 질기고 딱딱해지므로 강한 바람을 맞는 것은 작물에 그리 좋지 않다.

그럼 작물이 바람을 맞지 않으면 어떻게 될까. 작물이 비실비실해져 열매를 맺지 못하는 것은 물론이고 갑작스럽게 강한 자극에 힘없이 꺾일 위험도 있다. 또한 세포벽이 늘어나 식물의 혈관인 체관과 물관의 펌핑 능력이 약해져 영양이 널리 퍼지지 못할 수 있다. 따라서 작물은 선선한 바람을 맞는 것이 가장 바람직하다. 바람이 불어왔을 때, 바람을 어떻게 막고 분산해 부드러운 바람으로 만들 것인지가 밭 설계의 핵심이다.

✎ 하루 동안의 바람 흐름

아침 바람의 특징
- 육지에서 바다로 흘러간다.
- 고지대에서 천천히 내려간다.
- 작물을 쓰다듬듯이 흐른다.

점심 바람의 특징
- 바다에서 육지로 분다.
- 저지대에서 고지대로 강하게 분다.
- 바람 방향이 춤을 추듯 불규칙하다.
- → 바람이 통과하는 이랑을 만든다.

저녁 바람의 특징
- 육지에서 바다로 흘러간다.
- 고지대에서 저지대로 내려간다.
- 바람이 부드러워진다.

주변 수풀을 지나오는 바람
- 바람이 부는 방향으로 이랑을 만든다.

바람 다루기

밭에 바람을 흐르게 하는 방법을 알아보자. 바람이 강한 날에 밭으로 가서 쪼그려 앉는다. 서 있으면 잘 모른다. 작물의 입장이 되어보는 것이 매우 중요하다. 그리고 바람이 불어오는 방향을 확인한다. 바람이 불어오는 부분에 줄기가 두껍고 키가 크거나 또는 잎이 넓은 작물을 한 줄로 심는다고 생각하면 쉽다. 바람의 힘을 꺾기 위해서다.

여름철이라면 감자나 옥수수 또는 돼지감자를 심는 게 좋을 것이다. 키가 큰 식물이라면 무엇이든 상관없다. 벽을 만들면 약한 바람까지 멎게 할 수 있지만, 약한 바람은 작물 성장에 필요하다. 바람이 작물 사이를 빠져나오게 해 바람이 완전히 멎지 않게 한다. 물론 크지 않은 나무나 울타리, 바람을 피하기 위한 그물을 사용해도 된다.

다음으로 벽을 통과한 바람을 어떤 식으로 이랑에 흘려보낼 것인지 생각한다. 바람이 부는 방향에 맞춰 이랑을 만든다. 약해진 바람이 이랑에 심은 작물을 쓰다듬듯이 지나쳐가도록 설계하는 것이다.

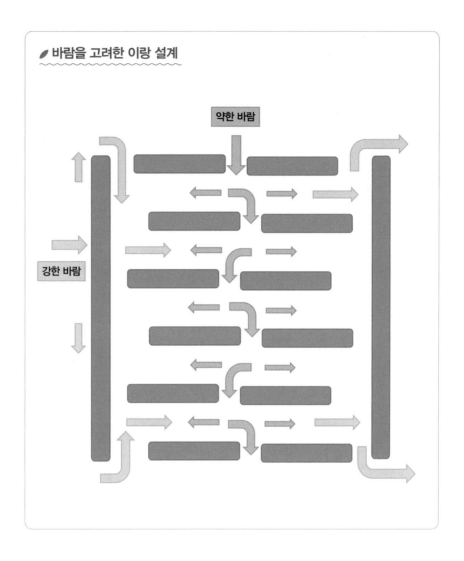

바람을 고려한 이랑 설계

이때 햇볕과 물의 흐름도 따져야 하므로 바람 방향에 맞춰 이랑 방향을 정하지 못할 수도 있다. 바람과 이랑의 방향이 직각을 이룰 때는 바람이 그 이랑에서 멈춰버리게 하지 말고, 이랑을 짧게 만들어 바람이 지나갈 수 있게 한다. 즉, 이랑을 도중에 끊어서 불연속적으로 만드는 것이다. 이때 이랑은 지그재그로 끊어주는 것이 좋다. 이렇게 조금씩 엇갈리게 끊으면 바람이 좌우로 점점 더 흔들리면서 바람이 부드럽게 흐른다.

이런 식으로 바람이 지나는 길을 만들면서 이랑을 설계하는데, 반드시 이랑을 곧게 만들 필요는 없다. 이랑을 활 모양으로 구부리는 방법도 있다. 둥근 이랑을 만들면 바람도 원을 따라 흐르므로 바람을 강하게 혹은 약하게 할 수 있다. 구불구불한 이랑이든 잘게 끊어진 이랑이든 상관없다. 중요한 것은 강한 바람이 불어왔을 때 어디서 바람을 받아 어떤 식으로 바람을 약하게 만들 것인지를 생각하고 설계하는 일이다.

부드러운 바람을 맞으면 식물은 온화한 성장 호르몬을 방출한다. 이 성장 호르몬의 영향을 받은 식물은 더 활발히 성장한다. 바람을 어떻게 활용하는지에 따라 작물의 성장 속도가 완전히 달라지는 것이다.

물 살피기

밭을 설계할 때 바람과 해를 살피는 일이 당연한 것처럼 밭에 흐르는 물을 살피는 것도 중요하다. 물은 작물에 독이 될 수도, 약이 될 수도 있다.

지표면은 평평하더라도 땅속에 흐르는 지하수는 어딘가를 향해 흐르는 법이다. 밭을 삽으로 파보면 알 수 있다. 물이 얕은 곳은 10센티미터 정도만 파도 흙이 촉촉하게 젖어 있다. 그러나 물이 깊은 곳은 30센티미터 이상 파도 흙이 말라 있는 경우가 있다. 이 차이는 밭의 조건에 따라 완전히 달라지므로 직접 흙을 파서 확인하는 것이 가장 정확하다.

작물에 따라서는 물이 맹독인 경우도 있다. 뿌리가 물에 잠기는 밭에서는 작물이 제대로 자랄 수 없다. 뿌리는 물속에 들어가는 순간 성장을 멈춘다. 특히 경반층이 물을 흡수하지 못할 정도로 단단해지면 땅에 스며든 빗물이 경반층에 고였다가 옆으로 흐를 때가 있다. 이처럼 나쁜 환경에서는 경반층이 얕을수록 작물 성장이 멈추는 타이밍이 빨라진다.(경반층과 관련한 내용은 86쪽 참조)

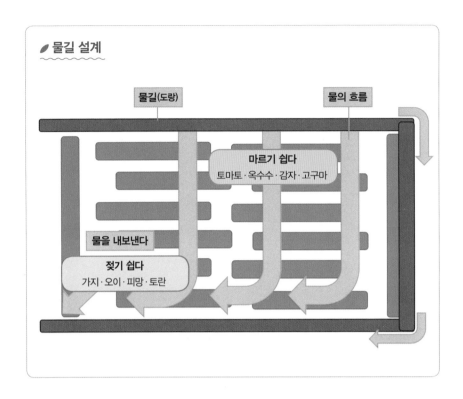

물길 설계

물길(도랑)

물의 흐름

마르기 쉽다
토마토 · 옥수수 · 감자 · 고구마

물을 내보낸다

젖기 쉽다
가지 · 오이 · 피망 · 토란

이런 밭에서 작물을 키운다면 반드시 물길을 생각해야 한다. 예를 들어 밭 주변에 도랑을 판다. 밭에 들어갈 물이 도랑에 쌓이므로 그 물을 밭 바깥으로 유도하듯이 물길을 만든다. 이러한 방법은 배수가 잘되지 않는 밭에 사용하면 매우 효과적이다.

밭의 바깥쪽에 도랑을 만들 수 없는 경우에는 어쩔 수 없이 이랑 주변을 파야 한다. 그리고 이랑을 조금 높게 만든다. 물이 이랑 주변에 고이고, 물길을 만들어 물이 밖으로 빠져나가도록 유도한다.

무슨 방법을 써도 물이 잘 빠지지 않는다면 밭에 어떤 작물을 심을지 생각해본다. 물이 잘 빠지지 않는 곳에는 가지나 오이처럼 물을 좋아하는 작물을 심는다. 건조한 곳에는 토마토나 옥수수를 재배한다. 인간의 힘으로 개량할 수 없는 밭은 작물 특징을 파악해두고 환경에 맞는 작물을 키우는 것이 가장 좋다. 이것이 무비료 재배에서 적극적으로 활용해야 하는 재배 방법이다. 물은 작물에 매우 중요한 요소지만, 공급이 지나치면 오히려 성장을 방해하므로 물길을 밭에 어떻게 낼지 배운 내용을 참고해 고민해보기 바란다.

잡초로 알아보는
흙의 상태

처음 밭을 마련할 때, 바람 다음으로 확인해야 할 것이 바로 풀이다. 풀은 저마다 다양한 역할을 맡으며, 그 역할을 묵묵히 해낸다. 밭에 난 풀을 가만히 관찰해보면 밭이 자연 상태로 돌아갈 때까지의 과정을 4세대로 분류할 수 있다.

1세대 흙은 주로 키가 큰 풀로 덮인다. 대부분 참억새, 양미역취, 실망초, 망초, 명아주, 흰명아주 등이다. 이처럼 키가 큰 풀은 뿌리가 굵고 길다. 땅에는 생물 다양성이 필요하며, 이를 위해 다양한 종류의 풀이 자랄 수 있도록 노력해야 한다. 그러기 위해서는 흙이 어느 정도 부드럽고 공기층을 지녀야 한다. 그래서 딱딱한 흙에는 이 역할에 가장 적합한 키가 크고 뿌리가 깊은 풀을 심어 흙을 갈기 시작한다.

1세대 흙에서 풀베기를 하면 2세대가 나타난다. 주로 땅속줄기가 있는 식물이 자라며, 땅을 옆으로 쪼개면서 흙이 더욱 부드러워진다. 이때는 흙의 산도를 조절하는 쇠뜨기 같은 식물이나 벌레의 수를 조절하는 쑥 같은 풀이 자란다.

　3세대가 되면 키가 작은 볏과 식물이 자란다. 볏과 식물은 잎을 펼치지 않고도 광합성을 할 수 있는 특수한 능력을 지녔기 때문에 메마른 땅에 심으면 당이나 전분을 토양으로 보내 토양 미생물의 수를 늘린다. 잎이 큰 풀은 흙이 메말라 있으면 잎을 펼치지 못하고 성장을 멈추므로 잎이 좁은 볏과 식물이 활발히 나타난다.

🌱 잡초로 흙의 상태 파악하기

1세대 : 참억새, 갈대
・경작하지 않고 방치된 땅과 공터에 많다. 흙이 딱딱하고 부식이 적다.

2세대 : 쇠뜨기
・중성・알칼리성 땅에서 자라며 산성 토양을 좋아한다.

3세대 : 볏과(키가 작은 것)
・식물내생생물이 질소를 고정한다.
・스스로 시들어 탄소를 공급한다.

4세대 : 콩과(살갈퀴, 자운영, 토끼풀, 붉은토끼풀)
・뿌리혹박테리아가 질소를 고정한다.

다양성의 부활 : 별꽃, 살갈퀴 등이 자라면서 밭이 비옥해진다.

쥐보리

살갈퀴

드디어 4세대가 된다. 이때가 되면 콩과 식물을 비롯한 다양한 풀이 나타난다. 특히 키가 높이 자라지 않는 풀이 나온다. 살갈퀴나 별꽃, 광대나물 등으로, 특히 콩과 식물은 공기 중에 있는 질소를 고정하는 능력이 있어 토양이 비옥해지고 다양한 풀이 자란다. 이렇게 풀의 다양성이 회복되면 밭이 비옥해져 비료를 쓰지 않고도 작물이 성장할 수 있는 힘이 생긴다.

재배를 할 때는 이 순환을 빠르게 일으키기 위해 초가을에 키가 큰 풀을 베고 봄에 자라나는 풀이 어느 정도 자라기를 기다렸다 벤 다음, 콩과 식물의 씨앗인 녹비(풋거름)를 뿌려 흙을 비옥하게 만들어나간다.

잡초의 역할

잡초는 저마다 역할이 있다. 각 잡초가 맡는 역할을 알면 흙이 지금 어떤 상태인지를 더욱 정확히 알 수 있다. 이를 재배에 활용하면 흙도 간단히 만들 수 있으므로 그중 일부를 소개한다.

• 봄 쇠뜨기(양치류) : 쇠뜨기는 땅속줄기가 있는 식물로, 뿌리를 옆으로 뻗기 때문에 흙을 가는 힘이 있다. 쇠뜨기가 자란 곳은 흙이 단단해 보이지만 실제로는 뿌리가 사라지면 매우 부드러워진다. 쇠뜨기 잎은 강한 알칼리성이며 시들면 흙이 약한 알칼리성으로 변해 작물의 성장을 촉진한다.

• 살갈퀴(콩과) : 질소를 고정하는 뿌리혹박테리아와 공생 관계에 있으므로 이 풀이 자랐다는 것은 흙이 질소를 고정하는 단계에 접어들었다는 뜻이다. 이 풀이 시들 무렵이 되면 흙이 비옥해진다.

- 바랭이(볏과) : 메마른 흙에 영양소를 공급하기 위해 자라난다. 아직 키가 큰 풀이 자랄 만큼 흙이 비옥히지 않은 상태에서 나타나기 때문에 흙은 메말라 있는 상태로 판단한다.

- 개쑥갓(국화과) : 벌레 개체 수를 통제한다. 개쑥갓은 피롤리지딘 알칼로이드(pyrrolizidine alkaloid)를 내보내 벌레가 가까이 오지 못하게 하므

잡초의 역할

봄 쇠뜨기(양치류) → 땅속줄기로 흙을 간다.

살갈퀴(콩과) → 질소를 고정한다.

바랭이(볏과) → 메마른 흙에 영양소를 공급한다.

개쑥갓(국화과) → 벌레의 수를 통제한다.

별꽃(석죽과) → 꽃이 벌레를 불러들인다.

광대나물(꿀풀과) → 겨울 동안 추위로부터 흙을 보호한다.

유럽점나도나물(석죽과) → 다른 식물의 성장을 돕는다.

황새냉이(십자화과) → 다른 식물의 성장을 돕는다.

냉이(십자화과) → 메마른 흙을 보호한다.

봄 쇠뜨기

유럽점나도나물

황새냉이

로 싹을 틔운 식물을 보호하고 있다. 흙이 비옥해져 식물이 점차 자라나는 조짐으로 봐도 좋다.

- 별꽃(석죽과) : 꽃이 벌레를 더 많이 불러들이므로 흙이 벌레를 필요로 하고 있다고 판단하기 쉽지만, 광대나물(꿀풀과)과 마찬가지로 겨울 동안 흙을 추위로부터 보호하는 것이 주된 역할이다. 따라서 흙이 그대로 드러난 땅에서 자라는 경우가 많다.

- 점나도나물(석죽과), 황새냉이와 냉이(십자화과) : 다른 식물의 성장을 돕는 힘을 지녔다. 이 식물들은 메마른 땅에 자라나는 경우가 많은데, 자라면서 다른 식물을 성장시켜 토양을 비옥하게 한다.

모든 풀에는 반드시 저마다 맡은 역할이 있다. 그 풀의 성질, 자라는 조건 등을 조사해 풀이 자라난 이유를 추측하고, 이를 바탕으로 흙의 상태를 예측하는 것은 다음 한 수를 생각하는 데 매우 중요한 정보가 된다. 반드시 풀을 관찰하고, 조사하고, 추리해보기 바란다.

흙 색을 보는 법

흙은 지역에 따라 색이 전혀 다르다. 색이 다르면 토질도 다르다. 토질이 다르면 흙에 들어 있는 미네랄의 균형도 저마다 다르다는 뜻이다. 미네랄의 균형이 다르면 작물의 맛이나 성장 속도가 달라진다. 그러므로 우선 흙의 색을 살피면서 토질을 판별하는 것이 중요하다.

검은 흙이나 갈색 흙은 구로보쿠도(黒ボク土. 일본에서 많이 볼 수 있는 토양으로, 표층토는 검고 거친 반면 하층토는 밝은 갈색을 띤다.-옮긴이)일 수도 있지만, 일반적으로 유기물이 분해되어 흙 속에 섞여 들어가면 색이 검게 변한다고 한다. 물론 검은 흙이 무조건 비옥한 것은 아니지만, 부식(흙 속의 유기물이 썩은 것)이 늘어나면 점차 검게 변하는 것이 흙의 성질이다.

빨간 흙은 철분이나 알루미늄이 많은 흙이다. 단지 철분이 많은 것뿐이라면 상관없지만, 미네랄에는 대항 작용이 있다. 어느 한 미네랄만 많으면 균형이 깨져 작물이 제대로 성장하지 못하는 경우가 생긴다. 메마른 흙이나 통기성과 투수성이 좋지 않은 흙도 색이 붉게 변할 때가 있다. 또한 흙이

산성으로 치우쳐 있을 때가 있으므로 콩과 식물 또는 다른 키 작은 풀을 넣거나 겹쳐 쌓아 유기물을 부식화해서 흙을 비옥하게 만든다.

노란색 흙은 사막화한 흙인 경우가 많다. 부식과 미생물이 적고, 화학 비료를 너무 많이 쓴 밭에서 자주 볼 수 있다. 산성으로 치우친 경우도 있다.

✒ 흙의 특성

검은 흙, 갈색 흙
• 일반적으로 부식이 많고 기름진 흙이며 농업에 적합하다.

붉은 흙
• 화산재 또는 메마른 흙. 통기성과 투수성이 좋지 않다.

노란 흙
• 사막화가 진행된 흙. 부식과 미생물이 적다.

점토질
• 뿌리가 잘 뻗지 않고, 물이 잘 빠지지 않는다.
• 지표면 아래로 20~30센티미터 두께의 경반층이 있다.

이러한 흙에서 무비료 재배를 하는 것은 매우 어렵기 때문에 과감히 흙을 개량해야 한다. 첫 해에는 재배를 포기하고, 볏과 식물로 만든 녹비를 뿌린 다음 콩과 식물로 만든 녹비를 뿌린다. 시기에 따라 순서는 반대가 될 때도 있다. 풀이 자라면 베어내 밭에서 말린 다음, 이를 다시 태워 재를 만든다. 이렇게 만든 재를 섞으면 흙이 약알칼리성으로 변한다. 여기에 풀을 자라게 하고, 아직 키가 작을 때 베어서 말린다. 이번에는 태우지 않고 그대로 섞는다.

점토질은 뿌리가 뻗기 힘들고 물이 잘 빠지지 않으며, 지표면부터 20~30센티미터 정도의 단단한 흙으로 된 층인 경반층이 형성되는 경우가 많다. 유기물이 없고 미생물이 적으므로 물이 잘 빠지게 하려면 물이 통과할 수 있도록 흙의 물리적 구조를 바꿔줘야 한다.

흙의 산도 확인하기

무비료 재배라 하더라도 늘 작물이 자라기 쉬운 환경이 되도록 흙을 계속 관리해줘야 한다. 관리해야 하는 요소는 많지만 그중에서도 산도(pH)가 매우 중요하다. 물론 산도를 조절하는 화학 물질을 쓰지는 않는다. 그저 산도가 변한 이유가 무엇인지, 식물이 자라기 쉬운 산도를 유지하려면 어떻게 해야 하는지를 생각하는 것이다. 자연에서는 특별히 뭔가를 하지 않아도 산도가 유지되지만, 밭에서는 자연의 힘만으로 산도를 유지할 수 없을 때가 있다.

앞서 식물이 성장하려면 다량 원소나 미량 원소, 즉 영양분이 필요하다고 이야기했다. 자연 상태에서는 영양분이 자연의 힘으로 보충되지만, 밭은 풀을 베고 사람이 걸어 다니거나 수확을 하므로 영양소가 부족해지기 쉽고 자연 상태에 비해 흡수력도 떨어진다. 특히 다량 원소인 마그네슘이나 칼슘이 없으면 식물 성장에 필요한 3대 원소인 질소와 인산을 제대로 흡수할 수 없다.

현대 사회에서는 공장이나 자동차의 배기가스 같은 다양한 화학 물질이 대기를 오염시키고, 이것이 산성비가 되어 내린다. 이러면 산성비가 밭에 뿌려지는 셈이니 당연히 토양은 산성으로 변하기 쉽다.

산도 범위는 pH0~14인데, 토양 산도는 보통 pH4~7 정도로 보인다. 작물이 자라기 좋은 산도는 작물 종류에 따라 차이가 있지만 pH5.5~6.5다. 토양 산도가 항상 이 범위를 유지하도록 조절한다. 조절하는 방법은 뒤에서 설명하겠지만, 자연에서는 조절 과정이 자동으로 이루어진다. 그 구조를 이해해두면 어느 상황이더라도 어떤 식으로 대처하는 것이 적절한지 알 수 있다.

실제로 밭에서 산도를 확인할 때는 산도계를 사용한다. 산도계는 인터넷

토질을 생각하자

다량 원소는 미량 원소가 없으면 흡수가 잘되지 않는다.

마그네슘이나 칼슘이 없으면 질소나 인산을 흡수하기가 어렵다.

산성비가 내리면 특히 외래종이 성장하기 어렵다.

산도계

비나 눈에 녹아든다.

산성비

이산화유황
이산화질소

자동차 배기가스나
공장 굴뚝에서
나오는 연기

에서도 쉽게 구할 수 있는데, 그리 비싸지 않으므로 하나 준비해두면 좋다. 산도를 측정하고 싶은 흙을 물로 적신 다음, 산도계를 꽂고 20분 정도 기다렸다가 수치를 확인한다. 화학 비료를 사용한 밭은 pH7, 경작하지 않고 2~3년 동안 방치해둔 밭은 산도가 급격히 높아져 pH5, 경작을 하지 않고 방치해둔 지 10년이 넘는 밭은 자연적인 수치에 가까운 pH6 정도가 나올 것이다.

잡초로 알아보는
토양의 산도

밭이나 정원에 풀이 무성하게 자라 큰일이라는 이야기를 종종 듣는다. 하지만 자연 농법을 오래 실천하고 있는 사람의 밭에는 그리 방해가 될 만한 풀이 자라지 않는다. 이러한 차이는 과연 어디에서 온 것일까? 산도, 즉 토양의 pH를 기준으로 잘 자라는 풀의 종류를 살펴보면 그 원인을 어느 정도 추측할 수 있다.

산성이 강한 강산성(pH4 이하) 토양에는 자연스럽게 흙을 중화하는 토끼풀이나 쇠뜨기가 자라난다. 다른 볏과 식물이나 마디풀과 식물도 함께 자란다. 볏과 식물과 마디풀과 식물은 밭이나 정원에서 대부분 골칫덩이 취급을 받는다.

토양이 산성(pH4~5)이 되면 키가 큰 명아줏과 풀이 자란다. 소리쟁이는 마디풀과 식물이지만, 이런 풀도 밭이나 정원에서는 키가 커져 베어내기 어렵기 때문에 기피하게 된다.

토양이 약산성(pH5~6)이 되면 자운영, 냉이, 창질경이처럼 키가 작고 도

양을 비옥하게 하며 식물의 성장을 돕는 풀이 많이 자란다. 산도가 pH5~6 부근이 되면 실제로 방해가 되었던 풀이 점점 사라진다.

약산성~중성(pH6 이상)은 작물이 가장 성장하기 쉬운 산도다. 자라는 풀도 별꽃, 개불알풀, 광대나물, 방가지똥, 고추나물 등 모두 키가 작고 토양을 기름지게 해주는 것뿐이다. 즉, 잡초를 어떻게 할지 대책을 세울 때 가장 간단한 방법은 산도를 pH6에 맞추는 것이다. 그러면 방해가 되거나 작

🍃토양의 pH 수치

강산성(pH4 이하)
토끼풀, 쇠뜨기, 애기수영, 개여뀌, 뚝새풀, 피

산성(pH4~5)
괭이밥, 명아주, 소리쟁이, 개갓냉이, 질경이

약산성(pH5~6)
자운영, 냉이, 창질경이, 애기땅빈대, 새포아풀

약산성~중성(pH6 이상)
별꽃, 개불알풀, 광대나물, 방가지똥, 고추나물

물 성장을 저해하는 풀이 줄어들고, 오히려 작물을 보호하는 풀이 자라나 작물의 성장을 돕는다. 이러한 풀은 벌레와도 공생하는 풀이다. 벌레들이 작물 대신 이 풀들에 달라붙거나 숨어 살면서 작물이 입을 피해를 방지해 준다.

미생물도 약산성에서 중성 정도의 토양을 좋아한다. 산성이 될수록 미생물의 절대적인 개체 수가 감소하기도 한다. 따라서 잡초 대책과 벌레 대책에서 가장 중요한 것은 토양의 산도를 맞추는 것이다.

메마른 흙 되살리기

pH 수치가 떨어져 산성이 된 토양은 '메말랐다'고 말한다. 이렇게 메마른 땅을 되살리려면 어떻게 해야 할까? 자연이 순환하는 모습을 보면 해답을 알 수 있다.

먼저 자연에서는 비가 내린다. 산성비도 있긴 하지만, 기본적으로 비는 바닷물로 이루어져 있다. 바닷물에는 미네랄이 풍부하게 들어 있다. 자연적으로 만들어진 소금에 미네랄이 풍부한 것처럼, 바닷물이 증발해 구름이 되고 그것이 다시 비가 되어 내리면 당연히 비에도 미네랄이 들어 있다.

구체적으로 비가 포함하고 있는 원소는 칼슘, 마그네슘, 나트륨, 칼륨, 중탄산이온, 유황이온, 염화물이온, 규산 등이다. 다시 말해, 비는 원래 산성을 알칼리성으로 만드는 힘이 있다. 단지 대기 오염으로 그 균형이 깨졌을 뿐이다.

이처럼 빗물에 들어 있는 미네랄이 지상에 떨어지면 땅에 있는 잎이 이를 흡수한다. 즉, 잎 속에 미네랄이 풍부하다는 뜻이다. 땅에는 나무가 있고, 나뭇잎이 땅 위에 떨어져 시들어간다. 이러한 순환이 흙의 산도를 유지하고 있다. 잎에 들어 있는 칼륨, 칼슘, 마그네슘 같은 미네랄이 잎이 분해될 때 토양에 스며드는 것이다. 이러한 미네랄은 알칼리성이므로 산성이 된 토양을 알칼리성으로 되돌리는 힘이 있다.

이때 중요한 포인트는 이랑 위에 잎을 깔아두는 것이다. 이것은 작물 주변을 풀로 덮어 자연스럽게 퇴비가 되도록 하는 '멀칭'(mulching)이 지닌 효능이다. 이처럼 풀이 흙을 보호하는 것이 자연의 모습이다. 인간은 이를 조금 더 발전시킨다. 바로 잎을 태우는 것이다. 잎을 태우면 질소나 수소는 가스가 되어 사라지고 금속 계통의 원소인 칼륨, 칼슘, 마그네슘 또는 철이나 구리가 남는다. 이것을 밭에 뿌리면 흙을 약산성에서 중성으로 유지할 수 있다.

✐ 흙의 재생에 필요한 영양소

메마른 흙을 되살리려면 초목을 이용한다.

비에는 미네랄이 풍부하게 들어 있다.
• 바다 → 유기물이 분해된 미네랄 → 증발 → 구름 → 비

비가 내리면 식물이 흡수한다.
• 비 → 초목이 흡수 → 응축

초목 → 유기물(탄소, 수소, 산소, 질소, 유황, 인)
• 질소, 인산, 칼륨, 발효 순으로 진행된다.
• 그대로 넣으면 분해되어 질소를 보충한다.
• 단, 다른 미네랄에는 즉효성이 없다.

초목 태우기 → 초목회
• 칼륨, 칼슘, 마그네슘, 알루미늄, 철, 아연, 나트륨, 구리, 규산이 남는다.
• 알칼리성이다.

이는 얼핏 거름을 주는 것처럼 보이지만, 실제로는 마른 풀을 이랑 위에서 태우는 것뿐이다. 그 밭에서 나는 잡초를 태워도 된다. 잡초를 이랑 위에서 태운 후 밭을 살짝 갈기만 해도 산도를 유지할 수 있다.

대항과 촉진

다음으로 미네랄 사이에 일어나는 대항과 촉진을 알아보자. 무비료 재배에서는 미네랄을 정제한 것을 거름으로 주는 일이 없다. 그렇게 하면 질소나 인산, 칼륨이 부족해 작물이 성장을 하지 않거나 시들어버리기 때문이다. 이때 원인을 정확하게 파악할 수 있는 지식이 필요하다.

미네랄에는 대항과 촉진이라는 상호 관계가 있다. 대항이란 어떤 미네랄이 부족할 때 다른 미네랄의 흡수가 방해받는 현상이다. 촉진이란 어떤 미네랄이 늘어나면 다른 미네랄의 흡수가 좋아지는 것을 말한다. 이러한 상호 관계를 알면 미네랄 때문에 작물에 문제가 발생했을 때 어떻게 대처하고 해결해야 하는지 알 수 있다. 이러한 대항과 촉진은 질소, 인산, 칼륨의 예를 들어 설명할 수 있다. 너무 자세히 들어가면 오히려 혼란스러울 수 있으므로 핵심만 간단히 설명한다.

우선 질소를 살펴보자. 질소의 흡수를 촉진하는 것은 칼슘과 칼륨이다. 칼슘과 칼륨이 많으면 질산태 질소의 흡수를 촉진한다. 질산태 질소는 식물이 사용할 수 있는 질산의 형태다. 칼슘과 칼륨이 부족하면 질소가 풍부해도 사용하지 못하는 일이 벌어진다.

다음으로 인산이다. 인산의 흡수를 촉진하는 것은 마그네슘이다. 마그네슘이 부족하면 인산의 흡수가 크게 떨어진다.

마지막으로 칼륨이다. 칼륨 흡수에는 철이 필요하다. 철이 들어가면 뿌리 성장이 매우 좋아진다.

다시 말해 질소, 인산, 칼륨의 흡수를 좋게 하려면 칼슘, 마그네슘, 철이 필요하다. 이들 원소는 풀과 나무를 태운 재인 초목회에 풍부하다. 즉, 초목회를 흙에 추가하면 질소, 인산, 칼륨의 흡수가 촉진된다는 뜻이다.

흙에 영양분이 있는 것 같은데도 식물이 시들어버린다면 미네랄 부족을 생각해봐야 한다. 미네랄이 부족하면 흙에 영양분이 있어도 식물이 이를 쓸 수가 없다. 이러한 관계는 지금 설명한 것보다 훨씬 복잡하므로 작물을 제대로 기르고 싶다면 이에 관해 공부해보는 것이 좋다.

✎ 대항과 촉진

질소
- 대항 → 칼슘과 칼륨이 많으면 암모니아태 질소의 흡수를 방해한다.
- 촉진 → 칼슘과 칼륨이 많으면 질산태 질소의 흡수를 촉진한다.

인산
- 대항 → 칼륨과 철이 많으면 인산의 흡수를 방해한다.
- 촉진 → 마그네슘이 많으면 인산의 흡수를 촉진한다.

칼륨
- 대항 → 칼륨이 많으면 칼슘, 망간, 붕소, 규소의 흡수를 방해한다.
- 촉진 → 철, 망간, 붕소가 많으면 칼륨의 흡수를 촉진한다.

경반층 확인하기

앞서 잠시 언급한 '경반층'을 소개하려 한다. 농업 분야를 제외하면 거의 쓰지 않는 말이지만, 무비료 재배에서는 경반층을 어떻게 다루느냐에 따라 작물 성장이 크게 달라질 수 있다. 같은 경반층이라 해도 형성 과정이나 지질의 역사에 따라 성질이 전혀 다를 수 있으므로 좀 더 구분해서 살펴보는 것이 좋다.

경반층은 딱딱해진 토양층이라는 의미에서 굳을 경(硬) 자를 쓰는데, 이러한 토양층은 자연에도 존재한다. 흙은 지표면에서 30센티미터만 파도 미생물이나 유기물이 대부분 사라지므로 점차 단단해져 점토질이 된다. 자연이 만든 층은 식물 성장에 크게 영향을 미치지 않으며, 오히려 점토질이 빗물이나 지하수 같은 수분을 미네랄과 함께 모아둔다. 이러한 층이 있기 때문에 야생 식물은 사람이 물을 따로 주지 않아도 수분을 공급받아 시들지 않고 계속 성장할 수 있는 것이다.

경반층을 확인하고 싶다면 먼저 흙을 파본다. 딱딱한 층이 나오면 그곳에 물을 붓는다. 물을 금세 빨아들인다면 자연이 만들어낸 층일 가능성이 높다. 자연이 만든 층은 식물 성장을 방해하지 않는다. 오히려 그 층이 무너져버리면 물이 모여 있을 곳이 없어 비가 며칠만 내리지 않아도 식물이 시들수 있다.

그러나 이처럼 단단한 토양층 중에는 자연이 만들지 않은 것도 많다. 오랫동안 중장비나 트랙터 같은 농기계로 갈아엎은 논밭에 가면 이 층을 볼수 있다. 이것은 기계가 만들어낸 층으로, 농지 정비 같은 토목 공사가 진행중인 논밭이나 신흥 주택지에서 종종 볼 수 있다. 이처럼 자연이 만든 층과기계가 만든 층을 구분하기 위해 기계가 만든 단단한 층을 쟁기바닥층이라부르기도 한다. 혼동하지 않도록 이제부터는 기계가 만든 경반층을 쟁기바닥층으로 부르겠다.

쟁기바닥층은 물을 뿌려도 쉽게 스며들지 않는다. 물이 다 스며들 때까지몇 분이나 걸린다. 쟁기바닥층은 얕은 곳에도 존재할 수 있으며, 흙이 매우차가워진다. 식물 뿌리도 쟁기바닥층에 다다르면 성장을 멈춰버린다. 또한빗물이 그 층을 통과하지 못하고 고이거나 옆으로 흘러서 배수도 잘되지않는다.

그러므로 쟁기바닥층을 발견하면 부수는 것이 가장 좋다. 부수는 방법은다양한데, 대형 트랙터나 심토 파쇄기로 부수는 방법도 있다. 쟁기바닥층은 금속으로 틈을 만들어 물이 스며들게 하면 차츰 무너진다.

크기가 작아서 트랙터를 사용하지 않는 텃밭은 삽으로 부순다. 우선 이랑으로 만들 부분을 판다. 쟁기바닥층이 잘 보이도록 파낸 흙은 옆으로 치운다. 쟁기바닥층이 드러나면 뾰족한 삽을 꽂은 다음, 흙을 퍼내듯이 조금씩움직인다. 같은 작업을 30센티미터 간격으로 반복한다. 삽을 꽂은 부분이 물을 빨아들이면 쟁기바닥층이 서서히 무너진다. 쟁기바닥층이 무너지고 나면 그곳은 자연의 힘으로 서서히 경반층이 된다.

확인해야 할 것이 한 가지 더 있다. 바로 비독층(肥毒層)이다. 비독층에는 자연이 만든 것과 인간이 만든 것이 있다. 즉, 경반층과 쟁기바닥층을 모두 포함한다. 그렇다면 왜 굳이 비독층이라는 표현을 따로 사용할까. 비료에 들어가는 '살찔 비'(肥) 자를 쓴 것처럼, 비독층이라는 표현에는 해당 토양 층에 비료 성분이 독이 되어 남아 있다는 의미가 담겨 있다. 특히 관행 재배(농약을 사용하는 일반적인 재배법)에서 사용하는 고토 석회의 석회질 혹은 화학 비료의 인산이 남아 있다. 인산은 산과 떨어지면 비독층에서 알루미늄과 결합해 흙을 차갑고 단단하게 만들어버린다. 식물 뿌리는 비독층을 피하려 하기 때문에 이 층이 있으면 성장이 단숨에 멈춰버린다. 게다가 차가워진 토양을 견디지 못해 식물이 점차 약해져 시들어버린다. 그러면 벌레나 병에 취약해져 밭에서 사라지고 만다.

비독층을 부수는 방법은 앞서 소개한 쟁기바닥층을 부수는 방법과 기본적으로는 동일하다. 하지만 그 방법만으로는 석회나 인까지 없앨 수 없으므로 식물의 힘을 빌려야 한다. 무비료 재배에서는 비독층을 부술 때 볏과

호밀

수수

식물을 사용한다. 가장 많이 사용하는 식물은 녹비용 수수다. 씨앗도 매우 저렴하다. 수수는 가는 뿌리를 많이 뻗는데, 그 뿌리가 비독층을 부수고 석회를 흡수한다. 키가 큰 식물 중 잡초에 가까운 수수나 보리, 귀리, 호밀 등이 효과적이다. 비독층만 없어도 채소를 건강하게 기를 수 있다.

　비독층이나 쟁기바닥층을 부숴야 작물이 더 잘 성장하는 경우가 많으므로 흙 만들기 단계에서 이 층을 부수는 데 중점을 두는 경우가 많다. 그러나 무조건 땅속에 이런 층이 있기 때문에 작물이 잘 자라지 않는 것이라고 모든 책임을 전가해서는 안 된다. 자칫 작물이 잘 자라지 않는 진짜 원인을 놓칠 수 있기 때문이다. 다만, 이랑을 만들 때 자연이 만든 경반층을 제외한 층은 꼭 미리 부수는 것이 좋다.

◢ 경반층 구분하기

경반층
- 자연에 존재하는 물 보급로
- 표토에서 30센티미터 이상 깊이에 존재
- 물이 쉽게 스며든다.(색은 검다.)
- 그대로 둔다.

쟁기바닥층
- 트랙터·중장비로 인해 만들어진 층
- 표토에서 15~20센티미터 아래에 존재
- 물이 잘 스며들지 않는다.(색은 갈색 혹은 표토와 동일한 색을 띤다.)
- 삽으로 깬다.

비독층
- 석회·인산이 남아 있는 층
- 표토에서 20~30센티미터 아래에 존재
- 물이 잘 스며들지 않는다.(회색에서 변색된다.)
- 작물을 심어 남아 있던 성분을 제거한다.
  (볏과 식물이 효과적)

흙의 물리적 개선

밭은 이미 자연에서 괴리된 곳이다. 자연 농법이나 자연 재배도 원래 산이나 초원이었던 곳을 개간한 것이므로 자연이란 단어가 완벽하게 들어맞지는 않는다. 완전히 자연 그대로의 상태로 작물을 키우는 것이 목표라 해도, 일단 그 땅을 자연 상태로 되돌리려면 나무가 자라고 마른 잎이 떨어져 수십 년 동안 쌓이는 아득한 시간을 기다려야 한다. 그러므로 지금의 밭을 작물이 자라기 쉬운 환경으로 빠르게 되돌리려면 이를 어느 정도 인위적으로 개선하려는 노력이 필요하다.

작물을 재배할 때, 직접 또는 기계를 이용해 땅을 밟아 다지는 경우가 있다. 또 풀과 잎을 끊임없이 뽑거나 따기도 한다. 하지만 그렇게 하면 땅속의 유기물이나 공기층이 사라져 땅이 차갑고 딱딱해진다. 그 결과로 땅속의 많은 미생물이 사라져버린다. 자세한 내용은 뒤에 다시 언급하겠지만, 표토에서 10센티미터 부근까지는 호기성 세균이 많이 있어야 하는데 이 균이 급격히 줄어든다. 그 대신 혐기성 세균이 과도하게 늘어날 수 있다. 이렇게 무너진 세균의 균형을 다시 맞춰야 한다. 미생물이 자연스럽게 늘어날 수 있도록 땅을 일단 원래 상태로 되돌리는 것이 중요하다.

그 방법 중 하나가 '흙 뒤집어엎기'다. 흙의 표토 부분과 조금 깊은 부분

🌊 토양의 물리적 개선

흙 뒤집어엎기
• 단단한 흙에는 호기성 세균이 적다.
• 호기성 세균과 혐기성 세균의 균형을 맞춘다.

애벌갈이
• 흙을 지나치게 섞으면 미생물이 살 수 없다.
• 큰 덩어리가 남을 정도로 밭을 대충 간다.
• 표면은 평평하게 깎는다.

C/N비에 주의
• 화학 비료는 질소 함량이 많다.
  (C/N비가 15 이하 → 미생물은 늘어나지 않는다.)
• 유기 비료는 탄소 함량이 많다.
  (C/N비가 30 이상 → 사상균이 늘어난다.)
• 비료를 쓰지 않는 경우에는 탄소와 질소가 알맞은 균형을 이룬다. → (C/N비가 15~30 → 박테리아가 늘어난다.)

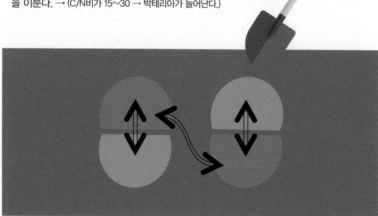

흙 뒤집어엎기

을 뒤바꾸는 것으로, 미생물이 있는 층에 자극을 줘서 개체 수를 늘리는 것이다. 미생물은 환경이 바뀌면 종의 보존 법칙에 따라 개체 수를 늘린다.

큰 밭에서 트랙터를 사용할 때는 '애벌갈이'라는 방법을 이용한다. 흙을 과도하게 섞으면 공기층이 사라져 미생물이 살기 힘든 환경이 되므로 땅속에 공기층이 생기도록 흙을 대강 가는 방법을 사용하는 것이다. 처음에는 로터리를 깊게 천천히 돌려서 땅을 간다. 하지만 그대로 계속 갈면 공기층이 너무 커지는데다 작업성도 떨어지므로 그다음에는 로터리를 얕게 빠른 속도로 돌린다. 흙 표면은 평평하게 깎는다.

참고로 흙의 물리성을 좋게 하려면 C/N비(탄소와 질소량의 비율)에 주의해야 한다. 또한 유기물을 밭에 섞으면 흙 속에 사상균이 늘어나므로 그동안에는 작물을 심을 수 없다. 작물 뿌리가 사상균에 침식당하기 때문이다.

큰 밭의 토양
개량하기

이번에는 주로 주말농장이나 전업 재배를 비롯해 중규모 이상의 농사에 해당하는 토양 개량을 소개하겠다. 무비료를 기본으로 하는 만큼 토양 개량제를 사용하지는 않는다. 사용하는 것은 모두 밭에서 난 것들뿐이다.

예를 들어 풀이 자라지 않도록 관리해온 밭에는 유기물이 없다. 그래서 밭에 유기물 재료가 될 만한 것을 키운다. 이것을 녹비라고 하는데, 녹비는 이름 때문에 비료로 착각하기 쉽지만 사실 비료가 아니라 식물의 씨앗이다. 녹비를 한 종류만 사용하면 다양성이 떨어지므로 콩과 식물, 볏과 식물 두 가지를 심는다. 예를 들어 콩과 식물로는 벳지와 세스바니아, 볏과 식물로는 수수, 기니아그라스, 귀리가 있다. 이들의 씨앗을 밭 전체에 뿌려 키운다.

잡초가 자라는 밭이라면 잡초가 우거지게 둔다. 단, 너무 높이 자라면 다루기가 힘들기 때문에 무릎 정도까지 자랐을 때 다음 작업에 들어간다. 밭에 나는 잡초의 종류가 적다면 흙이 메말랐거나 화학 비료로 인해 잡초 종류가 급감한 것이 원인일 수 있다. 그런 경우에도 녹비를 골고루 뿌려둔다.

풀이 무릎 높이쯤 되면 베어버린다. 예초기 같은 기계를 이용해 벨 때는 한 번 벤 다음 1~2주 정도 지나면 풀에서 질소가 빠져나가 풀이 갈색으로 탄화되는데, 그때 풀을 군데군데 모아 태운다. 풀을 태우면 미네랄화가 진행된다.

풀이 다양하게 잘 자라 미네랄을 보충할 필요가 없는 밭이라면 잔디 깎는 기계처럼 정밀하게 깎을 수 있는 기계로 풀을 벤다. 약 10센티미터 정도로 자른다. 이 상태에서 풀이 마르기를 기다린다. 마르지 않은 초록색 풀이 흙에 들어가면 부패하거나 가스를 방출해 작물에 나쁜 영향을 끼친다.

이 작업까지 모두 마치면 트랙터나 경운기로 밭을 간다. 여러 차례 갈 필요는 없지만, 풀이 흙과 잘 섞이도록 갈아준다. 이 상태에서 바로 작물을 심지는 못한다. 이렇게 섞은 풀이 분해되는 과정에서 곰팡이 같은 사상균이 나타나기 때문이다. 이런 균은 작물 뿌리에 악영향을 미칠 수 있다. 적어도 3주에서 한 달 정도는 기다리는 것을 권장한다.

🖋 중규모 이상의 토양 개량

잡초가 무릎 높이까지 자라게 둔다.
- 녹비를 사용할 수도 있지만, 다양성이 떨어지는 것이 문제다.
  - 벳지, 세스바니아, 수수, 기니아그라스, 귀리
- 과(科)가 다른 잡초를 열 가지 이상 자라게 한다.

예초기로 풀을 벤다.
- 잔디 깎는 기계가 적당하다.
- 베어낸 풀이 마를 때까지 2주 정도 기다린다.
  - 질소가 빠져나가기를 기다린다. → 탄화
  - 초록색 풀을 넣으면 풀이 분해될 때 뿌리도 함께 분해된다.

트랙터, 경운기로 땅을 간다.
- 질소 기아 상태에 빠지므로 30일 정도 그대로 둔다.

텃밭의 토양
개량하기

이번에는 소규모 농업이나 가정용 텃밭에 해당하는 토양 개량을 알아보자. 땅이 비옥하거나 메마른 정도에 따라 토양 개량 여부가 정해지므로 이를 잘 판단할 수 있어야 한다. 그러기 위해 먼저 밭에 심은 풀을 살펴본다. 풀이 전혀 나지 않은 밭은 풀이 나기 전에 흙을 섞는 경우가 많으므로 땅이 메말라 있다고 판단한다. 풀이 나 있더라도 키가 큰 풀이 자라 있을 경우, 바랭이나 강아지풀 같은 볏과 식물이 많은 경우 또한 땅이 메말라 있다고 볼 수 있다.

콩과 식물이 자라 있더라도 종류가 적다면 아직 흙이 충분히 비옥하지 않은 것이다. 잡초가 열 가지 이상 발견되는 정도여야 땅이 메마르지 않았다고 판단한다. 잡초를 보자마자 명칭이나 속해 있는 과가 무엇인지 바로 알 수는 없겠지만, 식물은 과마다 겉모습이 눈에 띄게 다른 경우가 많아 형태를 중심으로 풀이 열 가지 이상 자라고 있는지 확인하면 된다.

그다음 흙을 살펴본다. 점토질은 땅이 메말라 있다는 증거다. 비옥한 땅에는 부식, 즉 유기물이 분해된 원소가 많이 들어 있어 흙이 어느 정도 무게감이 있고 심하게 끈적이지 않으며 바슬바슬하다. 설명은 이렇게 했지만 사실 직접 판단하기가 쉽지는 않다. 흙을 한 줌 집어 들어 둥글게 뭉친 다음 손바닥에 내려놓고, 뭉쳐진 흙을 엄지로 살짝 눌러본다. 뭉칠 때는 잘 뭉쳐졌지만 손가락으로 눌렀을 때 쉽게 풀어진다면 부식이 많은 흙으로 판단한다. 색도 거무스름하다.

이번에는 산도를 측정한다. pH4~5 정도가 나오면 땅이 메마른 상태다. 좋은 풀이 자라고 있더라도 산도가 높으면 토양 개량을 해야 한다. pH6 이상이 나오면 괜찮다. 이러한 점들을 모두 살폈다면 마지막으로 단순히 작물이 잘 자라지 않는다는 식의 직관적인 정보를 통해 토양 개량 여부를 종합적으로 판단하면 된다.

토양 개량이 필요하다고 판단했다면, 핵심은 흙 뒤집어엎기와 유기물 섞기다. 흙 뒤집어엎기란 앞서 설명했듯이 흙의 표면에서 20센티미터 아래까지의 흙과 그 아래 20센티미터에 있는 흙을 뒤바꾸는 것이다. 위쪽에 있던 호기성 세균, 즉 공기를 필요로 하는 세균과 아래쪽에 있던 혐기성 세균, 즉 공기를 그리 필요로 하지 않는 세균의 위치를 바꾸면 개체 수가 점차 증가한다.

유기물을 분해하는 균이나 식물과 공생하는 균은 대부분 호기성 세균이므로 호기성 세균이 증가하는 것은 매우 바람직한 현상이다. 또 분해된 유기물을 최종적으로 식물이 사용할 수 있는 원소로 만드는 것은 혐기성 세균이므로 혐기성 세균도 함께 증가하면 유기물 분해가 촉진될 뿐만 아니라 식물에 영양이 공급되는 속도도 빨라진다.

구체적인 순서를 알아보자. 먼저 이랑을 만들 부분을 판다. 이때 지표에서부터 20센티미터 사이에 있던 흙과 그 아래 20센티미터에 있던 흙을 미리 나눠놓는다. 다 파고 나면 경반층을 확인한다. 물을 부었을 때 금세 스며들면 문제가 없지만, 수십 초 동안 내려가지 않고 고여 있으면 삽으로 땅을 30센티미터 간격으로 찍어가며 경반층을 부순다.

경반층을 모두 부수고 나면 볏과에 속하는 잡초를 넣는다. 볏과 식물은 보수력이 뛰어나 물을 흡수시키면 그 물이 천천히 경반층으로 스며들어 간다.

그다음 낙엽을 넣는다. 잡초를 넣어도 상관없지만, 활엽수 낙엽이나 부엽토가 특히 좋다. 활엽수 잎에는 칼륨이 풍부하므로 분해되면 칼륨을 공급

🖊 텃밭의 토양 개량 ①

A : 아래쪽 흙

B : 위쪽 흙

볏과 식물의 마른 잎

부엽토·마른 잎

쌀겨

한다. 그 위에 쌀겨를 뿌린다. 쌀겨에는 칼슘과 인이 있어 인산을 공급하는 역할을 한다. 쌀겨가 발효하면 잎 같은 유기물을 분해하기도 한다. 쌀겨를 다 뿌리고 나면 이번에는 깻묵을 뿌린다. 깻묵은 단백질이므로 질소 성분이 풍부하다. 단백질이 분해되면 최종적으로 질소가 만들어진다.

여기에 초목회와 왕겨숯을 넣는다. 초목회는 약간만 있어도 충분하다. 초목회에는 칼슘이나 마그네슘, 칼륨이 풍부하며 즉각적인 효과를 나타내므로 미네랄을 공급한다고 생각하면 된다. 왕겨숯은 왕겨를 숯으로 만든 것이다. 숯은 외부에서 음파 에너지를 받으면 초음파를 방출한다고 알려져 있는데, 미생물이 방출하는 초음파와 파장이 매우 비슷해서 미생물을 불러들인다고 한다. 이러한 초목회와 왕겨숯은 땅의 산도를 pH6~6.5로 만들어주는 힘이 있다.

여기까지 한 다음에는 흙을 덮는데, 이때 위쪽 20센티미터에 있던 흙을 먼저 덮는다. 공기층이 그대로 남도록 조심스럽게 덮어준다. 흙을 다 덮고 나면 이번에는 아래쪽에 있던 흙을 덮는다. 그리고 흙을 높이 쌓아 이랑을 만든다. 흙이 부족할 때는 양옆에 있는 흙을 파서 더한다.

이렇게 해두면 흙에서 유기물이 발효되어 분해가 일어난다. 마치 된장과 비슷한 상황이지만, 된장보다 공기가 많이 들어 있기 때문에 그리 오랜 시간이 걸리지 않는다. 느려도 두세 달 정도면 유기물이 모두 분해된다. 이때 유기물이 분해되어 생긴 원소는 지하수가 상승하면서 이랑 전체에 천천히 퍼진다. 달이 차오르거나 빠지는 것에 따라 지하수가 상승하거나 하강하는 힘을 이용하는 것이다.

모종은 이랑을 만들고 2~3주 정도가 지나면 심는다. 이때는 아직 유기물의 분해가 진행 중이므로 그때 심는 작물에 직접적인 효과가 나타나는 것은 아니다. 어디까지나 자연 상태에서 일어나는 유기물의 순환, 좀 더 정확히 말하자면 질소의 순환이 멈춰버린 밭의 흙을 이런 방법으로 되살리는 것일 뿐이다. 이러한 순환은 한번 시작되면 작물 재배를 포기하지 않는 한 영원히 지속된다. 어떤 식물도 키우지 않는 상태가 지속되면 순환이 멈추니 농사를 계속 지을 거라면 작물을 끊임없이 재배하는 것이 좋다.

이렇게 3주 정도 지나 모종을 심을 때 주의해야 할 점이 있다. 모종에 물을 줄 때 가급적 아래쪽부터 흡수하게 하는 것이다. 식물은 뿌리를 통해 밑에서부터 물을 빨아들이므로 물을 위에서 뿌리지 말고 밑에 줘야 스트레스

🍃 텃밭의 토양 개량 ②

A : 아래쪽 흙

깻묵

B : 위쪽 흙

를 덜 받고 물을 잘 흡수할 수 있다. 또한 이랑에 모종을 옮겨 심을 때는 그대로 심지 말고 모종에 붙어 있는 흙을 잘게 부숴 많이 털어내는 것이 좋다. 그리고 이랑이 바싹 말라 있는 상태에서 옮겨 심는다. 물이 안쪽에서 바깥쪽을 향해 퍼져나가도록 심어야 뿌리가 밖으로 뻗는 버릇을 들일 수 있다. 모종을 심은 뒤에는 흙이 그대로 드러나지 않도록 마른 잎을 깔아주는 것이 좋다.

🌿 이랑의 비교

아무것도 하지 않은 이랑

토양 개량을 한 이랑

동일한 시기에 동일한 모종을 심었는데도 결과가 전혀 다르다. 토양 개량에 성공하면 이랑이 자연 상태로 돌아간다는 것을 이 두 사진으로 바로 알 수 있다.

높은이랑과 낮은이랑

종종 "이랑을 어디까지 높여야 하나요?"라는 질문을 받는다. 이랑 높이가 중요한 것은 사실이지만, 이를 단순히 매뉴얼처럼 생각해서는 안 된다. 예를 들어 낮은이랑이 좋다고 알려진 작물이라 해도 배수가 좋지 않은 곳에 심어야 할 때는 이랑을 조금 높게 하는 것이 좋다. 또 흙이 매우 무거운 점토질이라면 흙을 마르게 하기 위해 높은이랑을 사용하기도 한다. 반대로 물이 쉽게 빠지는 모래땅이라면 낮은이랑을 쓰기도 한다. 그러므로 이랑 높이를 정하기 전에 먼저 밭 상태부터 확인하는 것이 좋다.

물을 좋아하는 작물과 싫어하는 작물에 따라 기본적인 이랑 높이를 정한다. 토마토는 높은이랑에 심어 물이 잘 빠지게 하고, 가지 같은 작물은 물이 마르지 않도록 낮은이랑에 심는다. 이때 기준으로 삼는 것은 작물의 원산지다. 건조 지대에 사는 작물은 높은이랑에 심어 물이 잘 빠지게 하고, 습지대에 사는 작물은 낮은이랑에 심는다. 원산지를 확인하는 것이 가장 확실하므로 작물별로 이랑 높이를 어떻게 해야 하는지 일일이 외울 필요는 없다.

🌿 높이에 따른 이랑의 특성

물이 필요한 작물은 낮은이랑
- 습지대가 원산지인 작물
- 가지, 토란

물을 싫어하는 작물은 높은이랑
- 건조 지대가 원산지인 작물
- 토마토, 감자

120cm

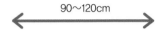

90~120cm

10~15cm

20~30cm

낮은이랑
- 보수성은 좋지만, 웅덩이는 생기지 않는다.

높은이랑
- 배수가 잘되고 건조한 이랑이 된다.
- 옆에서 들어오는 빛으로 인해 보온 효과가 있다.
- 흙이 부드럽다.

원산지	작물명
중국(건조)	배추, 콩, 파
인도(습지)	오이, 가지, 토란
중앙아시아(습지)	상추, 무, 당근, 양파, 갓
서아시아(습지)	멜론, 당근, 양파, 양상추
지중해 연안(습지)	상추, 양배추, 아스파라거스, 셀러리
멕시코 남부·중앙아메리카(건조)	강낭콩, 고추, 옥수수
남아메리카(건조)	토마토, 감자, 딸기, 땅콩

높은이랑은 크게 높이가 50센티미터인 것과 30센티미터인 것이 있다. 이랑 높이는 그 밭의 지하수위에 비례한다. 지하수위가 높은 밭은 작물과 지하수를 적어도 50센티미터 이상 떨어뜨려야 하기 때문에 조금 높게 만들어야 한다. 이 밖에도 배수가 잘되는 밭은 이랑 높이를 30센티미터 정도로 하고, 물이 도랑에 고이기 쉬운 밭은 이랑을 조금 높게, 물이 스며들기 쉬운 밭은 이랑을 조금 낮게 만든다고 생각하면 좋다.

이랑 너비도 중요하다. 이랑 너비는 고랑의 정중앙에서부터 다음 고랑의 정중앙까지의 길이를 말한다. 두둑 너비는 흙을 쌓아 올린 두둑 꼭대기 사이의 너비를 말한다. 무비료 재배에서는 한 번 만든 이랑을 가능한 한 오래 사용하므로 너비를 넉넉하게 잡는다. 이랑 너비는 120센티미터, 두둑 너비는 90센티미터 정도가 쓰기 편하다.

잡초로 퇴비 만들기

아무리 흙을 정성껏 돌봐도 메마를 때가 있다. 밭은 자연 그대로의 모습이 아니라 사람이 직접 손으로 흙을 갈거나 풀을 뽑기 때문일 것이다. 메마르는 일이 없도록 흙을 최대한 보호하는 방향으로 관리해야겠지만, 만약 흙이 망가지면 이를 복원하기 위해 다시 힘들게 고생해야 한다. 이러한 사태를 대비해 자연환경에 가깝고 메마르지 않은 흙을 미리 만들어뒀다가 이랑이 메마르면 흙을 추가하는 방법도 검토해볼 만하다.

그럼 잡초 퇴비 만드는 방법을 간단히 살펴보자. 이 책에서는 '잡초 퇴비'라는 표현을 쓰지만 당연히 비료는 아니다.

밭에 있는 흙은 아무것도 하지 않으면 메마르기 마련이다. 자연은 살아 있는 잡초, 시든 잡초, 낙엽, 토양 동물, 토양 생물, 또는 동물 자체나 동물의 배설물 등으로 흙을 끊임없이 만들어내는 방식으로 흙을 보호한다. 앞서 언급한 것처럼 이것들은 질소, 인산, 칼륨뿐 아니라 미네랄의 공급원이 된다. 이러한 자연을 최대한 흉내 내고 인간의 지혜를 더해 한층 빠르게 흙을 만든다.

잡초 퇴비를 만들 때 현재 사용 중인 밭에 있는 토양 미생물을 이용할 수 있으므로 우선 밭의 흙(25%)에 마른 잎 또는 부엽토(50%)를 섞는다. 잎 대신 잡초를 사용해도 된다. 토양 미생물이 이것들을 분해하면 미네랄을 만들 수 있다. 특히 풀에는 칼륨이 풍부하며 그 밖에도 칼슘이나 마그네슘이 많다.

그다음 피트모스를 넣는다. 피트모스는 이끼 퇴적물을 말한다. 이끼는 지구에 최초로 등장한 육상 식물로, 흔히 지상에 사는 모든 생명의 시작이라고들 한다. 지구에 비가 내리고 웅덩이가 생기면 이끼가 자란다. 이끼는 자신의 몸보다 7배나 많은 물을 흡수해 미생물을 키우고, 자신은 스스로 말라 죽어 영양분이 된 후 퇴적된다. 이끼가 있기 때문에 식물이 최초의 싹을 틔울 수 있었던 것이다. 돌담을 쌓아 올리면 처음에 반드시 이끼가 끼고, 시간이 흐르면 그 자리에 식물이 싹튼다. 이 점만 보아도 알 수 있듯이 이끼는 영양이 풍부한 유기물이다. 피트모스는 사서 쓸 수도 있고, 직접 채취해 말려둬도 된다.

단, 피트모스는 산도가 높은 재료이므로 이것만 섞으면 흙이 산성을 띨 수도 있다. 그래서 이를 막기 위해 알칼리성 재료를 첨가한다. 알칼리성 재료 가운데 무비료 재배에 쓸 수 있는 것은 초목회다. 초목회는 풀이나 나무를 태운 재로 칼륨과 칼슘, 마그네슘 같은 알칼리성 원소나 다른 금속계 원소가 들어 있어 식물 성장을 돕는다. 초목회 대신 마른 풀을 그냥 넣어도 괜찮지만, 풀을 태워 초목회를 만들면 질소나 수소가 빠져나가 금속 원소로 즉각적인 효과를 기대할 수 있다. 초목회도 따로 구입할 수 있지만, 그냥 주변에 있는 잡초를 모아 태우기만 해도 충분하다. 간단하므로 직접 만드는 것을 추천한다. 왕겨숯을 사용해도 된다. 왕겨숯을 사용하면 칼륨이나 칼슘, 마그네슘의 양은 줄어들지만, 토양의 알칼리성을 유지하므로 매우 효과적이다.

여기에 쌀겨(10%)를 섞는다. 10%보다 조금 많아도 상관없다. 쌀겨는 인과 질소를 공급해준다. 게다가 유산균이 발효를 촉진해 흙이 빨리 만들어진다.

깻묵(5%)은 질소를 공급하며 쌀겨의 발효를 촉진하는 효과가 있다. 깻묵 자체가 발효하는 것은 아니다. 깻묵은 단백질이므로 분해되면 질소의 공급원이 된다. 구할 수만 있다면 깻묵을 함께 넣는 것이 좋다. 단, 요즘은 채종유(씨로 짠 기름)를 유전자 변형 작물로 만드는 경우가 많으므로 깻묵을 구입할 때 주의한다.

지금까지 설명한 재료를 골고루 섞은 다음 물을 적셔둔다. 쌀겨는 젖으면 발효를 시작한다. 쌀겨의 힘으로 발효가 시작되면 유기물의 분해를 촉진해 좀 더 빠른 속도로 비옥한 토양을 만들 수 있다. 발효는 온도 관리도 중요하므로 시트를 덮어 보온을 하는 편이 좋다. 그렇다고 시트를 계속 덮어두기만 하면 공기가 사라져 혐기 발효가 일어나버린다. 혐기 발효가 일어나면 퇴비가 완성되기까지 더 오랜 시간이 걸리므로 가끔씩 쇠스랑 같은 도구로 저어 공기가 잘 섞이게 하는 편이 좋다. 공기가 들어가면 호기 발효도 일어나 흙을 만드는 시간이 단축된다.

이렇게 만든 흙은 3개월 정도 지나면 사용할 수 있다. 처음에는 사상균이라 불리는 곰팡이균이 생긴다. 사상균은 발효가 시작되어 온도가 올라가면 서서히 사라지지만, 큰 유기물을 분해하는 균이므로 사상균이 많이 남아 있는 흙을 바로 사용했다가는 식물 뿌리마저 사상균에 분해되어 병에 걸리기 쉽다.

3개월이 지난 후 이랑을 다시 만들거나 이랑이 낮아졌을 때 이 흙을 이랑의 표면에 부으면 그것만으로도 토양이 다시 비옥해진다.

잡초 퇴비 만들기

- 밭의 흙(25%)
- 마른 잎·부엽토(마른 잎·부엽토와 피트모스를 합쳐 50%)
- 피트모스
- 쌀겨(10%)
- 깻묵(5%)
- 왕겨숯·초목회(10%)
- 물(적셔주는 정도)

식물성 비료 만들기

식물성 비료인 보카시 비료는 흙보다 액체 비료에 가깝다. 재료는 잡초 퇴비와 비슷하지만, 보카시 비료는 작물이 제대로 성장하지 않을 때 이랑에 추가로 뿌리는 것이므로 잡초 퇴비와는 달리 엄연한 비료에 속한다. 즉, 보카시 비료를 사용한다면 더 이상 무비료 재배라고 할 수는 없다. 대신 '식물성 비료를 이용한 유기 재배'가 되므로 보카시 비료를 쓸지는 재배자가 판단해야 한다. 다만, 아무것도 넣지 말아야 한다는 원칙을 지나치게 고수하다가 재배에 실패하는 경우도 있으므로 집 앞에 있는 텃밭을 가꾸는 정도라면 써보는 것도 좋다.

뚜껑이 있는 40~70리터짜리 통에 피트모스(50%), 쌀겨(35%), 깻묵(5%), 왕겨숯 또는 초목회(10%)를 넣는다. 이들 재료는 앞서 설명한 잡초 퇴비의 재료와 기본적으로 동일하다. 단, 잎을 넣지 않고 피트모스만 넣어 만든다는 것과 흙을 사용하지 않는다는 점이 다르다.

통에 재료를 다 넣은 후 물을 가득 붓는다. 물을 넣으면 통 안은 혐기성으로 변한다. 그러나 물을 가득 부었으므로 쌀겨나 깻묵이 서서히 분해되면서 식물 성장에 필요한 미네랄이 물속에 녹아든다. 수용성 미네랄은 물속에, 수용성이 아닌 미네랄은 녹고 있는 재료에 자리 잡는다. 이렇게 만든 비료를 일주일에 두세 차례 골고루 저어 관리한다. 여름에는 냄새가 심하므로 후각이 예민한 사람은 사용하지 않는 것이 좋다. 참고로 수용성 미네랄에 해당하는 것은 나트륨, 칼륨, 칼슘, 철, 구리, 아연, 인, 망간, 요오드 등으로 대부분 필수 원소다.

　이렇게 만든 보카시 비료는 무비료 재배가 어려운 작물인 양파나 마늘 같은 백합과 식물에 웃거름이나 덧거름으로 사용한다. 이 밖에도 비료를 많이 먹기로 유명한 옥수수나 가지에도 쓴다.

✎ 플라스틱 통에 보카시 비료 만들기

재료
- 피트모스(50%)
- 쌀겨(35%)
- 깻묵(5%)
- 왕겨숯·초목회(10%)
- 물(재료를 모두 담근다.)

상토

이제 상토(床土)를 알아보자. 상토는 모종을 만들 때 모종 포트에 넣는 흙을 말한다. 모종을 키울 때 밭에서 퍼온 흙만 사용하면 제대로 크지 않을 수 있다. 밭에 있는 흙에는 유기물이나 부식이 적은데다 물을 주면서 미네랄이 많이 흘러 딱딱해졌기 때문이다. 흙이 돌처럼 단단해지면 이제 막 뿌리가 난 어린 모종은 뿌리를 제대로 뻗지 못하고 성장을 멈춘다. 이러한 일을 방지하려면 모종을 키울 때 밭에 있던 흙에 몇 가지 재료를 더 섞는다.

먼저 밭의 흙(50%)을 준비하고 여기에 피트모스 또는 마른 잎이 들어간 부엽토(20%)를 넣어 미네랄을 보충한다. 물을 줄 때 미네랄이 빠져나갈 것을 감안해 미네랄이 풍부한 재료를 넣는다.

모종에 주는 물은 미네랄이 풍부한 빗물을 사용하는 것이 좋다. 그러면 흙에 생기가 돈다. 수돗물과 빗물은 비슷해 보이지만 전혀 다르다. 지하수를 사용해도 괜찮다. 이렇게 빗물이나 지하수를 주면 미네랄이 빠져나가도 다시 자연스럽게 보충이 된다.

여기에 적옥토(20%)를 섞는다. 적옥토는 보수성이 있을 뿐만 아니라 일반적인 흙보다 입자가 굵기 때문에 호기성 세균이 번식하기 좋다.

비슷한 목적으로 버미큘라이트(질석)를 넣는다. 이 또한 빈틈을 만드는 것이 목적이지만, 적옥토와는 반대로 배수성을 좋게 하는 효과가 있다. 버미큘라이트는 흙에 들러붙지 않아 빈틈이 생기므로 입단화한 토양과 비슷해 보일 수 있다. 여기에 왕겨숯(5%)을 넣는다. 피트모스와 왕겨숯 또는 초목회는 한 세트로 생각하기 바란다. 피트모스는 산성이고 숯은 알칼리성이므로 산도를 조절하는 역할을 한다. 이렇게 상토를 만들고 나면 기다리지 않고 바로 사용한다. 곧바로 모종 포트에 담고 씨앗을 뿌려도 된다.

🌿 상토 만들기

밭의 흙(50%)
• 미리 만들어둔 잡초 퇴비를 사용하면 더 좋다.

피트모스(20%)
• 피트모스 또는 마른 잎이 들어간 부엽토
• 마른 잎·쌀겨·깻묵에 물을 섞어 호기 발효로 3개월 정도 숙성시킨다.

적옥토(20%)

버미큘라이트(5%)

왕겨숯(5%)

간이 양열온상

양열온상이란 봄철에 열을 이용해 모종의 발아 및 육성을 촉진하는 온상(보온 못자리)으로, 마른 잎이나 짚을 여러 겹으로 쌓은 다음 발로 밟아 만든다. 보통 비닐하우스 안에 만들어 발효열로 온도를 올리고, 그 위에 모종을 늘어놓는다. 밭에도 이러한 양열온상을 간이로 만들 수 있다. 간이 양열온상은 나중에 흙을 섞어 부영양 상태의 흙으로도 만들 수 있어 매우 편리하다.

일반적인 양열온상의 내부 온도는 60도까지 올라가지만, 이 간이 온상은 발효에 성공해도 최고 온도가 40도에 불과하다. 하지만 모종을 보온하기에는 충분한 온도다.

간이 양열온상을 만드는 법을 살펴보자. 우선 구덩이를 판다. 40~50센티미터 깊이가 적당하다. 그 안에 마른 잎을 먼저 넣고 짚과 녹색 채소 찌꺼기, 쌀겨, 깻묵을 순서대로 넣는다. 이것이 한 층이며 간이 온상은 이 층을 다섯 개 이상 겹쳐서 만든다. 한 층을 완성할 때마다 물을 뿌린다. 발로 밟

🖋 간이 양열온상 만들기

마른 잎 → 짚(적당한 길이로 썬다.) → 녹색 채소 찌꺼기 → 쌀겨 → 깻묵 → 물 순으로 넣는다.

온도가 40도까지 올라가면 성공!

볏짚

물
깻묵
쌀겨
녹색 채소 찌꺼기
볏짚
활엽수 마른 잎

…5~10층

물
깻묵
쌀겨
녹색 채소 찌꺼기
볏짚
활엽수 마른 잎

앉을 때 물이 스며 나올 정도로 물을 넉넉히 붓는다. 물을 부은 뒤 발로 충분히 밟는다. 다 밟고 나면 다시 같은 과정을 반복한다. 온상의 크기나 재료의 양에 따라 차이는 있지만 보통 5~10번 정도 반복한다. 다 쌓고 나면 마지막으로 마른 잎을 덮는다.

원래는 닭똥을 사용하지만, 무비료 재배에서는 동물 배설물을 사용하지 않는 대신 녹색 채소 찌꺼기와 깻묵을 넣는다. 단, 녹색 채소가 들어가면 날파리가 생기므로 너무 많이 넣지는 않도록 한다. 날파리가 신경 쓰이는 사람은 굳이 넣지 않아도 된다.

발효가 시작될 때까지 며칠에서 열흘 정도 걸린다. 온도계를 꽂았을 때 30도를 넘으면 성공이다. 만약 온도가 올라가지 않는다 하더라도 차가운 땅 위에 놓는 것보다는 훨씬 따뜻하므로 도움이 된다. 여기에 모종이 담긴 트레이를 나란히 놓고 비닐 터널을 만들어둔다. 가스가 발생하므로 비닐 터널에 구멍을 뚫어놓는 것이 좋다.

낮에는 비닐 터널의 내부 온도가 40도까지 올라갈 때도 있다. 그럴 때는 잠시 환기를 시켜 온도를 낮춘다. 양열온상은 밤에 따뜻한 온도를 유지하는 것이 주목적이므로 밤에 온도를 측정했을 때 실온이 20도를 밑돌지 않으면 충분하다.

모종 만들기

상토와 모종용 양열온상이 완성되면 이제 모종을 만든다. 지름이 10.5센티미터인 모종 포트에 상토를 담는다. 흙이 포트 속을 거의 다 채울 정도로 가득 담는다. 흙을 적게 담으면 떡잎이 나올 때까지는 편하지만, 본잎이 나올 때쯤 줄기가 너무 높이 자라 뿌리와 균형이 맞지 않는다. 이러한 모종을 도장묘(徒長苗)라고 한다. 따라서 상토를 담을 때는 도장묘가 되지 않도록 흙을 최대한 가득 담는 것이 좋다. 물을 뿌리면 흙이 어느 정도 밑으로 가라앉으므로 넘칠 걱정은 하지 않아도 된다.

작은 모종 포트가 잔뜩 연결되어 있는 판도 있다. 하지만 이 제품을 사용하려면 모종을 다시 옮겨 심어야 한다. 모종을 옮겨 심으면 아무리 조심해도 뿌리가 약해지므로 무비료 재배를 할 때는 이 방법을 그리 추천하지 않는다.

상토를 포트에 담았으면 이제 물을 뿌려 흙을 적신다. 살짝 촉촉해지는 정도만 뿌려도 된다. 실수로 많이 뿌렸다면 물이 어느 정도 빠져나가기를

기다렸다가 다음 작업으로 넘어간다.

　모종 포트에 흙을 담은 뒤 가운데 부분을 움푹하게 판다. 이때 손가락으로 누르듯이 깊게 구멍을 뚫으면 싹이 나올 때까지 시간이 걸리므로 살짝만 판다. 씨앗 중에는 발아할 때 빛이 필요한 호광성 종자가 많으므로 얕게 파는 것이 좋다.

　구멍을 뚫으면 씨앗을 한 알씩 넣는다. 씨앗을 두세 알 넣고 싹이 나온 뒤에 솎아내는 방법도 있다. 하지만 솎아내기는 상당한 용기가 필요한 작업이므로 한 알만 넣는 게 좋다. 한 알만 심은 작물의 싹이 나오지 않더라도 다시 심으면 되니 조급하게 생각하지 않는다.

　씨앗을 다 넣으면 흙으로 살짝 덮는다. 이 작업은 조심스럽게 하는 것이 좋다. 흙을 다 덮으면 이번에는 위에서 세게 눌러 바닥이 조금 들어가게 한다. 이렇게 해야 씨앗이 흙과 잘 밀착하기 때문이다. 원래 씨앗에는 물을 흡수하기 위한 털이나 깍지, 꽃잎, 꽃받침 등이 있다. 이러한 부분들이 젖으면서 씨앗을 감싸는데, 보관용 씨앗은 이런 것을 미리 제거해버리므로 자신을 감쌀 수 있는 것이 없다. 그렇기 때문에 흙과 밀착하지 않으면 수분을 공급받지 못한다.

이 작업이 끝나면 이제 모종 포트를 트레이에 나란히 담아, 앞서 소개한 양열온상에 놓고 비닐 터널을 씌워 온도가 떨어지지 않게 한다. 물은 흙이 마르지 않도록 매일 준다. 양열온상을 만들지 않았다면 모종 밑에 짚을 깔아둔다.

밭과 흙 요점 정리

밭 설계의 기초

- 이랑은 일반적으로 길게 만들지 않는다.
- 한 밭에 다양한 채소를 함께 키운다.
- 이랑은 바람의 방향과 세기를 고려해 다양한 형태로 조성한다.
- 물의 흐름을 살펴 도랑을 만들고, 배수 정도에 따라 작물을 배치한다.

흙 이해하기

- 주로 자라난 잡초의 형태를 보면 흙이 어떤 상태인지 알 수 있다.
- 흙의 색깔로 땅의 대략적인 특성을 파악한다.
- 산도계를 사용해 흙의 산도를 측정한다.(일반적으로 pH5.5~6.5가 가장 적합하다.)
- 흙의 메말랐다면 나무, 잎, 초목회를 사용해 재생한다.

원소의 관계

- 질소 흡수는 칼슘과 칼륨이 촉진한다.
- 인산 흡수는 마그네슘이 촉진한다.
- 칼륨 흡수는 철분이 촉진한다.

경반층

- 경반층 : 표토에서 약 30센티미터 밑에 있는 단단한 토양층이다.
- 쟁기바닥층 : 기계가 만든 경반층으로 물이 잘 통하지 않아 작물 재배에 방해가 된다.
- 비독층 : 비료 성분이 남아 있는 경반층으로 작물 재배에 악영향을 미친다.

높은이랑과 낮은이랑

- 건조한 곳이 원산지인 작물은 높은이랑을 만든다.
- 습한 곳이 원산지인 작물은 낮은이랑을 만든다.

농사를 돕는 친환경 영양 물질

- 친환경 퇴비 만들기 : 밭의 흙, 부엽토, 피트모스, 쌀겨, 깻묵, 초목회, 물을 섞어 잡초 퇴비를 만든다.
- 친환경 비료 만들기 : 피트모스, 쌀겨, 깻묵, 왕겨숯을 섞어 식물성 비료를 만든다.

풀

채소와 함께 자라는
다양한 풀 이해하기

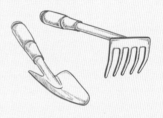

뽑아야 할 풀

여러분에게 권하는 무비료 재배는 초생 재배(작물 주변에 풀을 가꾸는 재배법으로, 토양의 침식을 방지하고 수분을 보존하는 효과가 있다.-옮긴이)지만, 온갖 잡초를 모두 남겨두라는 뜻은 아니다. 작물 재배에 방해가 되는 풀은 줄이고, 작물에 도움을 주는 풀은 남기는 식으로 잡초를 통제하고 관리해야 한다.

하지만 어떤 풀이 작물에 방해가 되고 어떤 풀이 작물에 도움을 주는지는 경험이 쌓여야만 알 수 있다. 또 어떤 풀이 작물에 무조건 방해가 되거나 무조건 도움만 주는 것도 아니므로 자신의 밭에서 직접 검증해보는 것이 중요하다.

일반적으로 작물 성장을 저해하는 풀로는 볏과 식물처럼 잔뿌리(모세근)가 땅 위를 덮는 풀이나 땅속에서 줄기가 작물을 휘감는 풀, 키가 너무 커서 광합성에 방해가 되는 풀 등을 들 수 있다. 작물에 도움이 되는 풀은 지표면을 보호하고, 벌레가 꼬이지 않게 하며, 성장을 돕고, 영양을 공급한다. 좀 더 구체적으로 알아보자.

예를 들어 볏과 식물인 띠는 뿌리가 깊고 잔뿌리가 땅 위를 덮어 지표면의 수분을 가로챈다. 키우는 작물 중에도 잔뿌리가 땅 위를 덮어 방해가 되는 것들이 있다. 거지덩굴이나 환삼덩굴, 칡 같은 덩굴 식물은 작물에 얽혀

🍃 뽑아야 할 풀

띠 : 뿌리가 깊고 수분을 가로챈다.

거지덩굴 : 작물에 얽혀 광합성을 방해한다.

조릿대 : 뿌리가 옆으로 뻗어나가고, 상호대립억제작용을 일으켜 작물 성장을 방해한다.

소리쟁이 : 번식력이 강해 광합성을 방해한다.

칡 : 작물에 얽혀 광합성을 방해한다.

양미역취 : 상호대립억제작용을 일으켜 작물 성장을 방해한다.

큰망초 : 햇볕을 가려 광합성을 방해한다.

명아주 : 햇볕을 가려 광합성을 방해한다.

흰명아주 : 햇볕을 가려 광합성을 방해한다.

파대가리 : 땅속줄기로 작물 뿌리의 성장을 방해한다.

향부자 : 땅속줄기로 작물 성장을 방해한다.

띠 양미역취

작물을 쓰러뜨리거나 작물의 광합성을 방해한다. 조릿대나 양미역취 등은 55쪽에서 설명한 상호대립억제작용을 하는 식물로, 다른 식물의 성장을 저해하는 화학 물질을 방출해 작물 재배를 방해한다.

그 밖에도 큰망초나 명아주, 흰명아주처럼 키가 매우 큰 풀은 광합성을 방해하므로 키가 커지기 전에 뽑아내야 한다. 파대가리나 향부자는 땅속줄기 끝에 알뿌리(구근)가 달려 있어 번식력이 강하고 순식간에 작물을 몰아낸다.

그렇지만 키가 큰 풀은 토양을 부드럽게 하며, 땅속줄기가 있는 풀은 밭을 갈아주므로 적절하게 활용할 필요가 있다. 땅속줄기가 달린 식물이 넓은 범위에 퍼져 있을 경우에는 완전히 없애기도 어려우므로 작물과 얽힐 만한 부분을 제거하기만 해도 괜찮다. 전부 없애고 싶다면 방초 시트를 덮어 광합성을 방해한다. 이렇게 하면 풀을 뿌리째 없앨 수 있지만 그동안은 밭을 쓸 수 없다는 단점이 있다.

가장 좋은 방법은 이랑 위를 잡초가 아닌 식용 작물로 덮어 잡초의 수를 줄이거나, 토양을 약알칼리성에 가깝게 만들어 잡초가 자라기 힘들게 하는 것이다.

뽑지 말아야 할 풀

이제 잡초 중에서 작물 성장에 도움을 주는 풀, 즉 뽑지 말아야 할 풀을 알아보자. 사실 작물 성장에 늘 도움이 되기만 하는 풀은 없다. 지나치게 번식하면 작물이 밀려나버린다. 잡초는 땅에 끊임없이 씨를 뿌리는 가장 강력한 재래종이기 때문이다. 거기에 타지나 해외에서 들여온 채소를 심어봤자 이길 턱이 없다. 그러므로 비료 없이 재배할 때는 작물과 잡초를 적당히 어울리게 하는 것이 좋다.

쑥을 예로 들어보자. 쑥 같은 국화과 식물은 일반적으로 벌레를 쫓는 데 도움이 된다고 알려져 있다. 털별꽃아재비도 그렇지만 국화과 식물이 작물 주변에 있으면 벌레가 그 풀을 먹었을 때 식물이 독을 방출하므로 벌레 수가 급격히 감소해 작물 피해가 줄어든다. 다만 그렇다고 해서 벌레가 완전히 사라지는 것은 아니다. 게다가 쑥은 땅속줄기가 달린 식물이므로 지나치게 키우면 작물 성장을 방해한다. 그러므로 쑥을 적당히 키우거나 쑥 대신 쑥갓을 이용하면 좋다.

별꽃이나 살갈퀴, 쇠뜨기 같은 풀은 토양을 약산성으로 만든다. 토양의 산도가 지나치게 높을 때 이러한 풀을 심으면 흙 상태가 좋아져 농사에 큰 도움이 된다. 잡초라고 해서 무조건 적으로 생각할 필요는 없다.

특히 살갈퀴 같은 콩과 식물은 당을 방출해 개미를 유인하는 습성이 있고, 그렇게 유인한 개미는 진딧물을 끌어들인다. 그래서 재배 작물 주변에 살갈퀴를 심으면 살갈퀴가 진딧물을 대신 떠맡아 작물 피해를 줄여준다. 또한 질소를 토양에 고정해주는 뿌리혹박테리아와 공생 관계에 있으므로 굳이 제거할 필요도 없다. 게다가 키가 작아 광합성을 방해하지 않을 뿐만 아니라 자외선으로부터 흙을 보호해준다. 그런 의미에서는 광대나물 같은 것도 다른 잡초의 생육을 억제해주므로 적당히 남겨두면 문제가 되지 않

뽑지 말아야 할 풀

쑥
• 해충의 피해를 줄인다.

별꽃
• 토양을 약산성으로 만든다.

살갈퀴
• 토양을 약산성으로 만든다.
• 진딧물을 대신 떠맡아 작물의 피해를 줄인다.
• 다른 잡초의 생육을 억제한다.

광대나물
• 해충의 피해를 줄인다.
• 지표면을 덮어 미생물과 작물 뿌리를 보호한다.

쇠비름
• 지표면을 덮어 미생물과 작물 뿌리를 보호한다.

쑥

광대나물

는다.

잡초가 지표면을 덮는 데는 그럴만한 이유가 있다. 자외선으로부터 흙을 보호하고, 흙이 건조해지는 것을 막으며, 벌레들이 숨을 수 있는 곳을 만들어주고, 서리처럼 차가운 공기나 수분으로부터 흙을 보호하기 위해서다. 게다가 시들어 흙으로 돌아가면 토양을 약알칼리성에 가까운 상태로 만들어주기도 한다. 특히 땅을 뒤덮는 쇠비름 같은 풀을 밭에 남겨두면 토양을 보호하는 데 탁월한 효과가 있다.

풀 베는 방법

이번에는 풀을 벨 때 주의할 점을 간단히 설명한다. 요점을 정확히 이해한 후 풀베기를 하면 순식간에 자라나는 풀을 좀 더 쉽게 관리할 수 있다. 풀을 그저 열심히만 베는 건 좋은 방법이 아니다.

벼과 식물은 일반적으로 생장점이 지표 부근에 있다. 그래서 손으로 뽑지 않고 벌초기로 베면 땅 위 약 5센티미터 지점에서 에틸렌이라는 식물 호르몬이 생성되어 다시 재생한다. 오히려 풀을 베기 전보다 더 무성해질 수도 있으므로 벼과 식물을 벨 때는 흙을 베듯이 칼날을 깊숙이 넣어야 한다. 아니면 에틸렌이 나오지 않도록 작물의 키보다 더 낮은 위치를 베어야 한다. 좀 더 확실한 방법은 풀이 아직 다 자라지 않았을 때 미리 뽑아버리는 것이다. 벼과 식물은 베어서 그대로 이랑 위에 덮어 멀칭(82쪽 참조)으로 이용할 수 있다.

키가 큰 풀은 순식간에 높이 자라버리므로 제거해야 할 때는 낫으로 베기보다 아직 다 자라지 않았을 때 뿌리째 뽑아버리는 것이 쉽고 편하다. 뿌리도 대부분 곧은뿌리여서 한 번에 쑥 뽑히는 경우가 많다. 단, 양미역취처럼 땅속줄기인 경우에는 다른 방법이 필요하다.

덩굴 식물은 생장점이 덩굴 끝에 있으므로 덩굴 끝을 자르듯이 베면 힘이 약해진다. 자랄 때 어마어마하게 뻗어나가는 칡도 끝을 잘라버리면 더 자랄 수 없다. 단, 칡은 자라면서 점차 줄기가 갈라지므로 그럴 때는 다시 갈라진 끝도 잘라줘야 한다. 키가 작은 풀은 지표면을 보호하기 위해 돋아나므로 작물보다 높이 자라지 않게만 관리하면 된다. 작물보다 낮게 자라는 풀은 오히려 흙을 보호하려는 움직임을 보이므로 남겨두면 좋은 경우가 많다.

땅속줄기가 있는 풀은 베어내도 땅속에 줄기가 남아 있어 쉽게 되살아난다. 뿌리까지 완전히 뽑지 않는 이상 없어지지 않으므로 모두 일일이 뽑아

🖊 종류별로 알아보는 풀 베는 법

볏과 식물
• 생장점이 지표 가까이에 있으므로 흙을 베듯이 칼날을 깊이 넣는다.

키가 큰 풀
• 다 자라기 전에 뿌리째 뽑는다.

덩굴 식물
• 생장점이 있는 줄기 끝을 자르듯이 벤다.

키가 작은 풀
• 지표면을 보호하므로 작물보다 낮게 벤다.

땅속줄기가 있는 풀
• 땅 위에 있는 부분을 자르고, 풀을 덮어 뿌리를 약하게 한다.

땅을 덮는 풀
• 밭의 흙을 보호하므로 가급적 남겨둔다.

낼 자신이 없다면 공생하겠다고 생각하는 편이 낫다. 쇠뜨기나 쑥은 토양을 좋게 하고, 양미역취는 밭을 갈아준다. 어떻게 해서든 없애고 싶을 때는 풀을 덮어 광합성을 방해한다. 광합성을 하지 못하면 뿌리도 결국 약해져 점차 사라진다.

땅을 덮는 풀은 땅을 보호하는 역할을 하므로 가급적 남겨둔다. 쇠비름이나 광대나물, 별꽃 등은 자외선으로부터 흙을 보호하고 보수성을 높인다.

풀을 보라 (1)

세상에 잡초라는 이름을 가진 풀은 없다고 하지만, 잡다한 풀이라는 명칭에는 다양성이 내포되어 있다. 잡초가 자라는 밭은 다양성을 유지하고 있다는 뜻이다. 잡초는 아무 의미 없이 자라는 풀이 아니라 저마다의 역할을 지닌 채 성장한다. 그 역할이 무엇인지 추측해가며 농사에 잡초를 적절히 활용한다면 똑똑하고 효율적인 재배를 할 수 있다. 잡초가 있기 때문에 땅이 비옥해져 작물 성장을 돕는 것이다. 잡초가 영양분을 뺏는다는 생각은 토양에 비료를 주는 행위에서 생겨난 발상이다. 애써 준 영양분을 빼앗기고 싶지 않다고 여기는 것이다. 그러나 무비료 재배에서는 그 생각이 완전히 역전된다. 조금 더 설명해보자.

바랭이나 강아지풀 같은 볏과 식물의 역할은 이렇게 해석해볼 수 있다. 흙이 메마르면 자연은 흙 속에 있는 미네랄의 양을 늘리기 위해 움직인다. 미네랄을 늘리려면 식물이 자라나야 한다. 식물이 광합성을 해서 흙에 탄수화물을 공급하고 유기물 형태로 다시 흙으로 돌아가거나, 잡초에 몰려든

벌레가 유기물로 분해된 후 미네랄이 되어야 한다. 이론은 그렇지만 현실적으로 메마른 흙에서 식물이 성장하기는 매우 어렵다.

이때 처음으로 자라는 것이 볏과 잡초다. 볏과는 잎을 펼치지 않고도 효율적으로 광합성을 하는 능력이 있으며, 종류에 따라서는 질소를 고정하는 식물내생생물과 공생하기도 하므로 공기 중에 있는 질소를 사용할 수 있다. 이러한 힘을 이용해 메마른 땅에 처음으로 볏과 식물이 자라면 흙에 당이나 풀브산(fulvic acid) 등을 보내 미생물을 늘리며 흙을 조금이라도 비옥하게 만들려고 한다. 흙이 비옥해지면 식물에 미네랄을 공급할 수 있다. 그렇게 되면 다른 풀도 자라면서 흙이 다양성을 회복한다. 그렇기 때문에 척박한 길가에 강아지풀이나 바랭이가 자라는 것이다. 인간이 땅을 파괴하고 아스팔트로 덮어버려도 식물이 이에 저항한다.

명아주, 흰명아주 같은 명아줏과 식물 중에는 키가 높이 자라는 것이 있다. 키가 큰 풀은 뿌리도 깊어지기 때문에 흙을 가는 힘이 있다. 명아줏과 식물은 토양에 많이 남아 있는 농약 성분을 흡착하는 힘도 있어 황폐해진 땅을 정화하는 역할을 한다. 이들을 베지 않고 마음껏 자라게 두었다가 뿌리째 뽑아버리면 흙이 단숨에 부드러워지고 화학 물질도 빠져나가면서 밭이 더욱 비옥해진다.

토끼풀, 붉은토끼풀, 자운영, 살갈퀴 같은 콩과 식물은 질소를 고정하는 미생물인 뿌리혹박테리아와 공생 관계다. 이 균은 공기 중의 질소를 식물에 전달한다. 메마른 땅에 콩과 식물이 자라면 영양이 풍부해진다. 무비료 재배가 아닌 일반 재배를 하는 사람도 일부러 콩과 식물의 씨앗을 뿌려 토양에 질소를 공급하는 방법을 쓰기도 한다.

곤충은 소리쟁이, 산여뀌 같은 마디풀과 식물을 싫어하는 편이다. 그러므로 마디풀과 식물을 심으면 벌레 수를 통제할 수 있지만, 마디풀과는 약산성 토양에 자라는 경우가 많다. 즉 마디풀과 식물에는 토양의 산도를 조절하는 능력이 있다고 추측해볼 수 있다.

밭에 소리쟁이가 자라면 작물이 자라기 쉬워졌다는 뜻이다. 소리쟁이는 뿌리가 매우 깊고 번식력 또한 강해 무리하게 뽑아내기는 어렵다. 이러한 풀들은 작물을 키우면 점차 사라진다.

🌿 잡초의 역할 ①

바랭이, 강아지풀(볏과)
• 황폐해진 땅에 질소를 고정한다.

토끼풀, 붉은토끼풀, 자운영, 살갈퀴(콩과)
• 질소가 부족한 토양에 질소를 보충한다.

명아주, 흰명아주(명아줏과)
• 나트륨이 많은 토양에 효과적이며 농약을 제거한다.

소리쟁이, 산여뀌(마디풀과)
• 약산성 토양으로 작물을 키우기 쉽게 한다.

명아주

강아지풀

흰명아주

소리쟁이

토끼풀

붉은토끼풀

풀을 보라 (2)

별꽃, 벼룩이자리, 점나도나물 같은 석죽과 식물은 땅을 덮듯이 자라는 잡초다. 이 풀들은 흙을 보호하는 데 매우 중요하다. 지표면을 그대로 드러내지 않는 이유는 자외선으로부터 흙을 보호하고, 흙의 보수력을 높이며, 벌레가 지낼 곳을 확보하고, 추위를 막기 위함이다. 산성비 때문에 일어나는 토양의 산성화를 막는 효과도 있다.

꽃을 오래 피우는 풀이나 겨울철 동안 꽃을 피우는 풀도 있는데, 이러한 풀들은 꿀벌이 모으는 꿀의 원천이 되기도 한다. 식물 중에는 곤충이 꽃가루를 옮겨 수분이 이루어지는 충매화(蟲媒花)도 있으므로 밭에 벌레가 사라지면 식물은 자손을 남길 수 없다. 그러므로 꽃을 피우는 잡초를 소중히 여겨야 한다.

개비름이나 쇠비름 같은 비름과 식물도 기본적으로 땅을 덮듯이 자란다. 흙을 보호하는 의미도 있고, 당을 지닌 식물도 많아 동물의 먹이가 된다. 동물과 식물은 공생 관계에 있다는 사실을 잊어서는 안 된다.

냉이나 황새냉이 같은 십자화과 식물은 메마른 땅에 자라나 볏과 식물과 비슷한 역할을 하는 것으로 보인다. 벌레의 과도한 증식을 막기 위해 이소티오시안산 알릴(allyl isothiocyanate)이라는 독성 물질을 방출하는 것도 있다.

🍃 잡초의 역할 ②

별꽃, 벼룩이자리, 점나도나물(석죽과)
• 꽃을 오래 피워 꿀벌이 모으는 꿀의 원천이 된다.

개비름, 쇠비름(비름과)
• 당을 지닌다. 동물의 먹이가 된다.

냉이, 황새냉이(십자화과)
• 이소티오시안산 알릴을 방출해 벌레들의 증식을 막는다.

어저귀, 무궁화, 부용, 오크라(아욱과)
• 큰 꽃으로 꿀벌을 유인해 꿀의 원천이 된다.

별꽃

쇠비름

냉이

무궁화

이처럼 십자화과 식물은 메마른 땅을 비옥하게 하는 기능이 있다고 추측해 볼 수 있다.

어저귀, 무궁화, 부용, 오크라 같은 아욱과 식물은 큰 꽃을 피운다. 큰 꽃에는 당연히 꿀벌이 모여드니 아욱과 식물을 밭 주변에 남겨두면 효과적이다. 이러한 식물을 꿀의 원천으로 남겨두면 충매화인 박과 식물의 수분이 원활해질 가능성이 높아진다.

풀을 보라 (3)

쑥, 개쑥갓, 털별꽃아재비 같은 국화과 식물이나 광대나물 같은 꿀풀과 식물은 살충 성분이나 향을 이용해 벌레 증식을 통제하는 것으로 알려져 있다. 국화과 중에는 강한 독성을 지닌 것도 있는데, 그 힘이 벌레 증식에 따른 식물의 성장 저해를 막는 것이다. 또한 겨울 동안에도 계속 자라면서 지표면을 보호해주는 풀도 있다. 키가 많이 크지 않은 풀은 이랑에 어느 정도 남겨두는 것도 효과적이다.

쇠뜨기처럼 양치류 가운데 땅속줄기가 있는 식물은 기피 대상인 경우가 많다. 이러한 식물은 지표면에 뿌리를 많이 뻗어 작물 성장을 방해할 때가 많다. 완전히 방치할 수 없으므로 작물을 심는 곳에 이러한 식물이 있다면 어느 정도 베어내고 뿌리를 제거한다. 단, 땅속줄기가 있으므로 사람의 힘으로는 완전히 없애기 어렵다. 따라서 무리하게 제거하려고 노력하기보다는 이러한 풀의 역할이 무엇인지를 알고 잘 활용하는 것이 좋다.

쇠뜨기는 산성인 토양을 약알칼리성으로 만드는 능력이 있다. 쇠뜨기의 잎에는 칼슘이 풍부한데, 잎이 시들어 흙으로 돌아가면 토양을 약알칼리성으로 만든다. 즉, 쇠뜨기가 많다는 것은 토양이 산성에 가깝다는 신호이므로 초목회 같은 알칼리성 비료를 흙에 섞어주는 것도 좋은 방법이다. 쇠뜨기는 토양이 약알칼리성에 가까워지면 서서히 사라진다. 밭에서 풀을 뽑아버리면 쇠뜨기가 영영 사라지지 않는다. 쇠뜨기는 땅속줄기를 이용해 밭을 가는 능력도 있으므로 무조건 없애야 할 적으로 여길 필요가 없다.

작물을 재배할 때는 기본적으로 잡초를 통제할 수 있어야 한다. 작물 혼자서는 주변 환경에 취약하므로 다른 풀의 도움이 필요하다. 밭에 도움을 주는 대표적인 식물로 토끼풀, 살갈퀴, 냉이, 쇠뜨기, 별꽃 등이 있다는 것을 기억해두면 손해볼 일은 없을 것이다.

🌿 잡초의 역할 ③

쑥, 개쑥갓, 털별꽃아재비(국화과), 광대나물(꿀풀과)
• 살충 성분과 향을 이용해 벌레 증식을 통제한다.

쇠뜨기(양치류)
• 산성인 토양을 약알칼리성으로 바꾼다. 땅속줄기로 땅을 간다.

밭에 좋은 풀
• 토끼풀, 살갈퀴, 냉이, 쇠뜨기, 별꽃

털별꽃아재비   개쑥갓   냉이   살갈퀴

풀 요점 정리

풀의 기초 지식

- 잡초라고 해서 무조건 없애는 것은 바람직하지 않다.
- 상황에 따라 재배에 도움을 주는 풀과 피해를 주는 풀이 달라진다.
- 잡초 대신 다른 식용 작물을 잡초처럼 키우는 것이 좋다.
- 풀베기는 그 식물의 특성에 따라 다르게 해야 한다.

풀을 없애려 할 때 고려해야 하는 요소

- 식물의 키 : 키가 크면 작물의 광합성을 방해하지만 토양을 부드럽게 만들어준다.
- 땅속줄기와 잔뿌리 : 땅속줄기가 있고 잔뿌리가 땅을 덮는 식물은 작물 성장을 저해할 수 있지만, 밭을 갈아주는 효과가 있다.
- 상호대립억제작용 : 다른 식물의 성장을 막는 화학 물질을 방출한다.
- 식물의 냄새 : 냄새가 독특한 식물은 벌레를 쫓는 독성이 있는 경우가 많다.

잡초가 하는 일

- 땅에 질소를 고정한다.
- 흙이 건조해지는 것을 막고 맨땅이 드러나지 않도록 보호한다.
- 토양의 산도를 바꾼다.
- 농약과 화학 비료 성분을 제거한다.
- 곤충의 수분을 돕는 한편 지나친 증식을 막아준다.
- 흙을 갈아준다.

곤충과 질병

병충해 대책과
채소 관리 방법

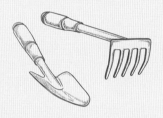

토양 동물

무농약으로 재배를 하다 보면 병충해 탓에 재배 의욕을 잃는 경우가 흔하다. 안전한 채소를 재배하기 위해 농약을 쓰지 않으면 벌레가 몰려들어 채소를 먹어 치운다. 그렇다고 실망할 필요는 없다. 벌레가 꼬이는 데는 그럴 만한 이유가 있다. 그 이유를 제대로 이해하면 벌레 먹는 일을 줄일 수 있다. 벌레는 자신이 어떤 역할을 하는지 직접 가르쳐준다. 그러므로 무비료·무농약 재배에서는 벌레를 관찰하는 일이 매우 중요하다.

그중에는 채소와 공생하는 벌레도 있고 채소에 피해를 입히는 벌레도 있다. 인간은 이들을 '익충과 해충'으로 구분하지만, 벌레 입장에서는 어이가 없을 것이다. 익충이든 해충이든 자신들은 그저 생명 활동을 하고 있을 뿐이니 말이다. 하지만 인간 입장에서 늘리고 싶은 벌레와 줄이고 싶은 벌레는 분명 존재한다. 이를 간단히 정리해보자.

우선 작물과 공생하는 벌레로는 지렁이, 진딧물, 딱정벌레류, 벌류, 거미류, 나비류 등이 있다. 진딧물이나 딱정벌레, 나비는 채소를 먹어 치워 골칫

덩이일 때도 있지만, 실제로는 채소에 꼭 필요한 존재들이다. 지렁이는 널리 알려져 있다시피 낙엽 같은 유기물을 분해한 뒤 배설해 토양을 입단화한다. 거세미나방의 애벌레인 거세미도 이와 같은 역할을 하지만 지렁이보다 식욕이 왕성해 작물의 뿌리를 해칠 수 있다. 진딧물은 순지르기(초목의 곁순을 잘라내는 것)와 솎아내기에 도움을 준다. 딱정벌레류는 작은 벌레를 잡아먹으며, 꽃가루를 옮겨 수분을 돕는다. 벌류 또한 꽃가루를 옮기는 것은 물론 해충의 개체 수를 줄이는 역할을 한다. 거미류도 작은 벌레를 잡아먹어 작물이 입을 피해를 막아준다. 나비는 인산을 비롯해 식물 성장에 필요한 영양을 공급한다.

  채소에 피해를 입히는 대표적인 벌레로는 풍뎅이나 나비 및 나방의 애벌레가 있다. 이러한 것들은 보일 때마다 떼어내기는 하지만, 중요한 역할을

🌱 채소와 공생하는 벌레

지렁이, 진딧물, 딱정벌레류, 벌류, 거미류, 나비류

- 지렁이의 역할 : 유기물 분해와 토양의 입단화를 돕는다.
- 진딧물의 역할 : 순지르기와 솎아내기에 도움을 준다.
- 딱정벌레류의 역할 : 작은 벌레를 잡아먹으며 수분을 돕는다.
- 벌류의 역할 : 수분을 돕는다.
- 거미류의 역할 : 작은 벌레를 잡아먹으며 수분을 돕는다.
- 나비류의 역할 : 인산을 공급한다.

지렁이

무당거미

맡고 있기도 하므로 무조건 없애야 한다고 생각하는 것은 바람직하지 않다. 특히 굴파리나 이십팔점박이무당벌레는 피해를 상당히 크게 입힐 수 있는 벌레지만 한편으로는 작물 성장에 반드시 필요한 존재이기도 하다. 물론 영향을 덜 받도록 개체 수를 줄여야 하는 벌레도 있으므로 좀 더 자세히 알아보자.

🍃 채소에 피해를 입히는 벌레

거세미를 비롯한 나비·나방의 애벌레

굴파리

이십팔점박이무당벌레

거세미

벌레들의 관계

곤충의 생태계에도 먹이사슬이 존재한다. 사슴이나 멧돼지가 밭에 피해를 입히는 일이 늘어난 것도 동물 생태계에서 이리가 멸종하고 인간이 그 자리를 대신한 후 사슴이나 멧돼지를 포획하지 않게 된 것이 원인이다. 이처럼 작물이 심한 병충해를 입는 원인도 대개 곤충의 먹이사슬이 무너졌기 때문이다.

예를 들어 개미는 진딧물을 이용해 당을 모은다. 즉 진딧물이 많은 곳에는 개미도 많을 가능성이 높다. 반대로 개미는 노린재를 무서워하므로 개미가 많다면 노린재가 적을 것이다. 따라서 노린재를 전부 퇴치하면 개미가 늘어나고 결국 진딧물이 모여드는 현상이 벌어진다. 게다가 개미가 많으면 진딧물을 먹이로 삼는 무당벌레나 등에가 점차 줄어들어 진딧물은 계속 늘어나기만 한다.

노린재는 기생벌을 무서워하므로 기생벌이 줄어들면 노린재가 늘어난다. 기생벌은 애벌레의 배 속에 알을 낳아 기르는 무서운 벌인데, 이러한 기

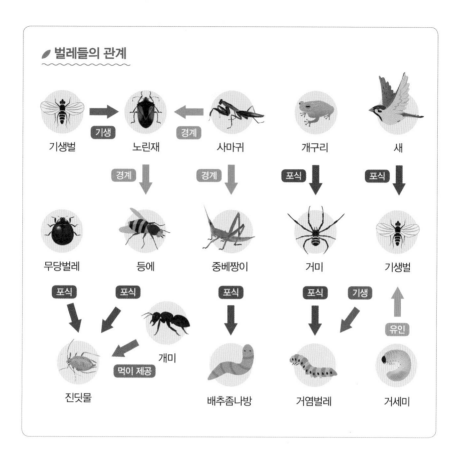

벌레들의 관계

기생벌 → [기생] → 노린재 ← [경계] ← 사마귀 　개구리 　새

노린재 → [경계] ↓ 무당벌레
사마귀 → [경계] ↓ 등에 / 중베짱이
개구리 → [포식] ↓ 거미
새 → [포식] ↓ 기생벌

무당벌레 → [포식] ↘ 진딧물
등에 → [포식] ↘ 개미 [먹이 제공] → 진딧물
중베짱이 → [포식] ↓ 배추좀나방
거미 → [포식] ↓ 거염벌레
기생벌 → [기생] ↘ 거세미
거세미 → [유인] ↑ 기생벌

무당벌레　등에　중베짱이　거미　기생벌

진딧물　배추좀나방　거염벌레　거세미

생벌의 수를 늘리는 것이 거세미다. 거세미를 퇴치하면 기생벌이 줄어들어 결과적으로 노린재를 비롯한 다른 벌레가 늘어나는 것이다.

　이 밖에도 거염벌레(밤나방의 애벌레)나 배추좀나방 등이 잎채소를 먹는 경우가 있다. 이는 중베짱이와 거미가 없어졌기 때문이다. 거미가 있으면 나비와 나방이 붙잡히거나 겁을 먹고 오지 않으며, 중베짱이는 거염벌레를 잡아먹어 개체 수가 줄어든다. 그러나 중베짱이가 너무 늘어나도 곤란하다. 중베짱이가 늘어나는 것은 벌레를 잡아먹는 개구리나 사마귀, 또는 새가 없다는 뜻이기 때문이다. 따라서 밭 옆에 시냇물을 흐르게 해 개구리 수를 늘리거나 새가 모여들도록 먹이를 놓아 끊어진 먹이사슬을 다시 이어놓아야 한다.

작물에 영향을 끼치지 않는 개구리 같은 생물이 늘어나면 벌레의 수가 조절되어 결과적으로 작물도 병충해를 입는 일이 줄어든다. 새가 찾아오기만 해도 나비 애벌레가 줄어드는 현상이 벌어지고, 귀뚜라미나 중베짱이가 줄어든다.

즉, 벌레를 완전히 퇴치하려고 애쓰기보다는 밭에 사는 벌레와 공존하겠다는 생각으로 개체 수를 조절하는 것이 더욱 효과적이고 자연스러운 일이다.

진딧물이 하는 일

채소를 재배해본 사람은 대부분 진딧물에 피해를 입은 적이 있을 것이다. 나 또한 예외는 아니어서 진딧물 때문에 고민이 많았다. 그래서 진딧물을 자세히 관찰해보기로 했다.

진딧물이 무엇을 좋아하며 무엇 때문에 식물에 모여드는지 조사해보니, 진딧물의 목적은 식물이 지닌 아미노산을 섭취하기 위한 것이라는 사실을 알아냈다. 아미노산은 새싹이 나는 부분에 많이 있으므로 진딧물은 다름 아닌 식물의 생장점을 먹어 치우는 것이다. 하지만 진딧물 입장에서 식물은 중요한 영양원이므로 없어져서는 안 된다. 그런데도 진딧물이 생장점을 먹어 치워 식물의 성장을 멈추게 하는 데는 뭔가 특별한 이유가 있을 거라고 추측할 수 있다.

그래서 소송채에 진딧물이 꼬인 이랑 중에서 한쪽만 진딧물을 몰아내고, 다른 한쪽은 진딧물을 몰아내지 않은 채로 관찰했다. 그 결과, 신기하게도 진딧물을 몰아낸 이랑은 소송채가 전멸해버리고, 몰아내지 않은 이랑은 소송채가 살아남는 기묘한 현상이 일어났다. 자세히 보니 진딧물이 꼬인 포기와 그에 이웃한 포기에는 상처가 하나도 없어 보였다. 이러한 결과를 바탕으로 식물은 벌레에 먹히면 '주위에 그 사실을 알리는 힘이 있는 것이 아닐까?' 하는 생각을 해볼 수 있다. 실제로 식물에 사는 미생물인 식물내생생물은 이와 같은 작용을 하는 것으로 알려져 있다. 결국 진딧물을 몰아내지 않은 이랑에는 상처가 하나도 나지 않은 소송채가 띄엄띄엄 남는데, 이러한 사실에서 '진딧물이 줄기를 솎아내고 있는 것이 아닐까?' 하는 추측도 해볼 수 있다. 어쩌면 채소를 재배하는 진정한 존재는 인간이 아니라 진딧물일지도 모른다는 생각이 든다.

진딧물을 제거해버린 포기는 벌레에 먹혔다는 사실을 주위에 전달하지 못해 살아남은 진딧물 몇 마리가 날개 달린 진딧물을 낳고, 날개 달린 진딧물이 진딧물에 대비하지 못한 이웃 포기로 옮겨 가서 소송채가 전멸하는 사태가 일어난 것이다. 결국 진딧물은 채소를 솎아내는 역할을 하고 있으며, 인간이 진딧물에 맞춰 적절한 시기에 채소를 솎아내면 된다는 결론에 이른다. 솎아내기는 매우 중요한 관리법이다. 절대 불쌍하다거나 아깝다는 생각을 하지 말고 이웃한 포기의 뿌리가 서로 얽히기 전에 솎아내야 충해를 줄일 수 있다.

겨울 채소를 밭에 너무 서둘러 옮겨 심어도 진딧물이 꼬인다. 아마 지나치게 빠른 성장을 멈추기 위해 진딧물이 일단 생장점을 먹어버리는 것이 아닐까 생각한다. 이런 현상도 진딧물이 채소를 재배하는 것으로 볼 수 있다. 마치 이를 증명하듯이 적절한 때가 되면 채소가 자란다. 물론 진딧물이 활동하는 시기와도 관련이 있겠지만, 이러한 습성을 알아두면 대처 방법을 구상할 수 있다.

이 밖에도 누에콩(잠두)에 진딧물이 많이 꼬인다. 이는 진딧물이 누에콩의 생장점을 먹어 작물의 성장 형태를 키가 자라는 '영양 성장'에서 씨를 맺는 '생식 성장'으로 전환시키려는 것으로 생각해볼 수 있다. 누에콩은 씨를 먹는 작물이므로 영양 성장만 하고 있으면 시간이 아무리 지나도 콩이 열리지 않아 수확을 할 수가 없다. 결국 진딧물은 작물을 재배하는 인간에게 도움을 주는 훌륭한 조수라고 할 수 있다. 단, 진딧물의 이러한 보조가 지나치지 않도록 관리할 필요는 있다.

'적절한 타이밍에 솎아내기를 하거나 필요 없는 잎을 떨어뜨린다.' '모종을 밭에 심는 시기를 지킨다.' '모종을 밭에 빨리 심어야 하는 경우에는 진딧물이 생장점을 먹으러 모여드니 해충 방지망을 덮어 진딧물의 접근을 막는 동시에 빛을 어느 정도 차단해 광합성 속도를 늦춘다.'라는 식으로 유연

진딧물이 하는 일

모종을 밭에 심거나 파종하는 시기를 조절한다.

솎아내기, 순지르기를 돕는다.
- 진딧물의 활동을 관찰해 유연하게 대처한다.

진딧물

하게 대처하는 것이 효과적이다. 콩과 식물은 진딧물이 오면 생장점을 잘라내는 순지르기를 해서 진딧물이 해야 할 일을 먼저 처리해 진딧물이 할일을 없애는 식으로 대처한다.

물론 진딧물이 잔뜩 모였을 경우에는 물을 뿌리거나 일일이 떼어내는 등개체 수를 줄이는 대처도 필요할 때가 있다. 진딧물을 잡아먹는 벌레가 없기 때문에 인간이 이를 대신 해줘야 하는 것이다. 진딧물이 꼬이는 데는 반드시 이유가 있으므로 그 이유를 추측해보고 진딧물이 할 일을 미리 해버리는 것이 좋다.

양배추와
나비 애벌레

십자화과 채소에는 배추흰나비를 비롯한 나비나 나방들이 모여든다. 모여
든 나비와 나방이 알을 낳으면 알에서 부화한 애벌레가 잎을 전부 먹어 치
운다. 한 번 먹기 시작하면 멈추지 않아 채소가 전멸해버리는 일도 있다. 특
히 양배추를 많이 키우는 사람은 배추흰나비 때문에 고민이 많을 것이다.
이제 배추흰나비가 나타나는 이유를 추측해 그 문제에 대처할 수 있도록
한다. 사실 매우 간단한 일이다.

  양배추를 키우다 보면 양배추 잎의 모양과 색에 두 종류가 있다는 것을
알 수 있다. 첫 번째는 양배추의 겉잎으로, 광합성을 하기 때문에 잎이 푸르
다. 이 잎은 바깥을 향해 크게 눕는다. 반면 속잎은 잎이 안쪽으로 말리며,
흰색을 띠고 물을 튕겨낸다. 두 잎의 차이를 보고 있으면 재미있는 사실을
깨달을 수 있다.

  양배추의 겉잎에는 수많은 나비 애벌레가 배회하고 있는 데 반해 속잎은
나비 애벌레의 피해가 적다. 겉잎은 광합성을 해서 질소를 많이 보유하고

있는데다 나비 애벌레가 기어오르기 쉽게 잎이 누워 있고 물을 튕겨내는 왁스 성분이 적다. 반대로 속잎은 잎이 서 있어 나비 애벌레가 쉽게 기어오르지 못한다. 게다가 왁스 성분을 많이 내보내 단단하게 말려 있다.

왜 잎에 이런 차이가 날까? 이유를 설명하기 위해 나비 애벌레에 먹히는 것이 겉잎의 역할이라고 가정해보자. 나비 애벌레는 잎을 먹고 배설한다. 벌레의 배설물에는 인이 들어 있다. 식물은 인산을 만들어내지 못하므로 벌레에 자신의 몸을 먹여 토양에 인산을 공급하는 것이라는 결론에 이른다. 반면 속잎의 역할은 봄이 되어 꽃을 피우고 씨를 맺기 위해 생장점을 보호하는 것이다. 즉 씨앗을 남겨두기 위한 속잎과 씨앗의 성장을 도우려는 겉잎으로 역할이 나뉘어 있다.

겉잎에 보이는 나비 애벌레를 계속 잡아도 애벌레는 끊임없이 부화한다. 제 역할을 다하지 못했기 때문이다. 여기에는 아마도 종(種)의 보존 법칙이 작용하고 있을 것이다. 애벌레를 일부러 잡지 않고 그대로 두면 애벌레는 동료의 알까지 전부 먹어버린 뒤 알과 함께 자취를 감춘다. 생태의 신비는 놀랍기만 하다. 오히려 잡으면 늘어나고, 잡지 않으면 어느 정도 개체 수가 제한되어 원래 역할을 해낸다.

이러한 점을 깨닫고 난 뒤 양배추에 꼬이는 나비 애벌레에 대처하는 방법을 바꿨다. 생장점에 있는 나비 애벌레만 제거하고 겉잎에 있는 나비 애벌레는 '개체 수가 지나치게 많지 않은 이상 그대로 두는 것'으로 말이다. 그러자 겉잎은 벌레에 먹혀 너덜너덜해졌지만, 어차피 사람도 먹지 않는 부분이므로 출하하는 데는 전혀 지장이 없다. 게다가 벌레를 잡는 일에 예전보다 훨씬 적은 시간을 들이게 되었다.

나는 개구리가 살 수 있는 작은 냇가를 만든 적이 있다. 개구리가 있으면 나비 애벌레가 줄어든다. 그 주변 밭에 브로콜리를 심기로 했는데, 브로콜리 잎에 개구리가 앉을 수 있게 움푹 들어간 곳이 있었기 때문이다. 기대대로 나비 애벌레의 수가 눈에 띄게 줄었다.

또 배추흰나비는 채소가 다 크기 전에 알을 낳으러 오기 때문에 모종을 키우는 동안 해충 방지망인 한랭사를 덮어 처음부터 개체 수를 줄이는 방법을 썼는데, 이 또한 효과적이었다. 인간이 자연 환경을 파괴하고 있는 탓에 벌레의 개체 수가 이루던 균형 또한 무너지고 있다. 개구리나 중베짱이가 있으면 나비 애벌레도 줄어들겠지만, 두 종 모두 대부분의 밭에서 찾아보기 힘들다. 따라서 무너진 개체 수를 균형 있게 통제하는 것이 인간에게

🍃 나비 애벌레와 양배추의 관계

겉잎은 눕히고 속잎은 세워 나비 애벌레와 공생한다.

속잎은 왁스 성분을 내보내 피해를 방어한다.

나비 애벌레의 배설물은 인산을 공급한다.

대책

- 나비 애벌레를 작물의 생장점에서 멀리 떨어뜨린다.
- 벌레가 꼬이는 것은 막을 수 없으므로 전멸 시키지 않는 것이 중요하다.
- 나비 애벌레보다는 알을 찾아서 제거한다.
- 나비 애벌레가 사라지면 종의 보존 법칙에 따라 부화한다.
- 모종을 밭에 심을 때는 한랭사를 덮는다.
- 공영 식물을 함께 키운다.
- 국화과, 미나리과

나비 애벌레

주어진 의무라 생각한다.

    십자화과 채소의 모종은 절대 고립시켜서는 안 된다. 풀이 없는 밭에 십자화과 식물을 덩그러니 홀로 키우면 벌레 먹이가 되기 딱 좋기 때문에 쑥갓이나 상추, 파 같은 공영 식물을 함께 심어 공존시켜야 한다. 이랑에는 마른 풀을 덮어 흙이 그대로 드러나지 않도록 한다. 십자화과 식물뿐만 아니라 다른 작물을 키울 때도 작물 외에 벌레가 숨을 수 있는 곳이나 먹기 좋은 것을 마련해두는 것이다. 그것만으로도 모종이 다 자라기 전에 전멸하는 사태를 줄일 수 있다.

벌레의 소리를
들어라 (1)

논에서 노린재 방제를 시작할 무렵이면 무농약 밭으로 노린재가 몰려온다. 한창 가지, 피망, 토마토, 콩이 자랄 시기이므로 노린재의 습격을 받으면 큰 피해를 볼 때가 있다. 무비료·무농약 재배라 하더라도 노린재가 대거 몰려 올 때면 구제를 해야 한다. 그대로 뒀다가는 늘어난 개체 수가 자연의 균형을 무너뜨려 버리므로 마냥 보고만 있을 수는 없다. 단, 이때 노린재가 하는 역할을 잘 알고 올바르게 대처하는 것이 중요하다.

노린재는 경계 페로몬을 방출해 개미의 수를 억제하는 역할을 한다. 따라서 노린재를 모두 없애버리면 개미 수가 늘어난다. 개미는 진딧물을 데려오므로 노린재가 사라지면 많아진 진딧물에 피해를 입을 수 있다. 채소에서 노린재를 제거할 때 완전히 없애려고 하지 말고 '열매에 몰려드는 노린재만 제거'하는 식으로 개체 수를 통제하는 것이 피해를 줄일 수 있다.

콩에 꼬이는 노린재는 콩 속에 알을 낳는다. 그러면 콩이 다 자란 것처럼 보여도 안쪽은 노린재가 전부 먹어 치웠을 수도 있다. 따라서 콩이 다 자라기 전에 노린재 대책을 어느 정도 세울 필요가 있다. 먼저 꽃눈이 필 무렵 콩에 물을 뿌린다. 분무기로 꽃눈을 충분히 적시거나 위에서부터 물을 뿌리는 것이다. 원래 콩이 꽃눈을 피울 무렵이 되면 장마가 찾아와 하늘에서 비를 뿌리는 것이 자연의 순리였지만, 최근에는 콩의 파종 시기를 인간의 편의에 따라 조정하므로 그대로 두면 비를 제때 맞지 못한다. 그러므로 어쩔 수 없이 인위적으로 이와 비슷한 환경을 만들어야 하는 것이다. 콩이 씨를 맺으면 노린재는 미성숙한 콩을 찾아 먹으니 사실 그리 큰 피해를 입는 것은 아니다. 재배량을 정할 때부터 어느 정도는 벌레에 먹힐 것이라 생각해야 한다.

이십팔점박이무당벌레는 작물의 잎에 모여든다. 이 벌레는 잎이 내보내는 질소의 향을 맡고 찾아온다. 이 경우에도 할 일을 마친 잎이 땅에 떨어지기 위해 질소나 미네랄을 방출하면 이십팔점박이무당벌레가 찾아와 잎이 지는 것을 돕는 것이라 추측해볼 수 있다. 그렇다면 제 역할을 끝낸 잎을 인위적으로 떨어뜨려 이십팔점박이무당벌레가 꼬이는 것을 막을 수 있다는 뜻이다. 토마토가 다 자라면 그 토마토 밑에 달린 잎 세 장이 역할을 다하는데, 이십팔점박이무당벌레는 그 잎을 노리고 찾아오므로 그 잎을 사람이 먼저 떨어뜨리면 무당벌레 개체 수가 급격히 줄어든다.

무당벌레가 감자에 몰려들 때도 그렇다. 감자는 잎이 진 후에 영그는데, 이를 두고 무당벌레가 찾아와 감자 잎을 떨어뜨려야만 알이 굵은 감자를 수확할 수 있다고 생각하면 대처가 쉽다. 이처럼 벌레가 작물을 먹었을 때는 당황하지 말고 그 벌레가 무슨 일을 하러 찾아왔는지 추측한 뒤, 그 벌레가 해야 할 일을 인간이 먼저 해버리면 된다.

구체적으로는 먼저 적엽(잎따기) 작업을 해서 불필요한 잎을 떨어뜨린다.

이렇게 잎을 떨어뜨리면 잎이 벌레를 불러들이는 일이 줄어든다. 또한 바람이 잘 통해 벌레가 한곳에 머무르기 힘들어진다. 통풍이 잘되면 곰팡이가 생길 가능성이 줄어들어 질병도 막을 수 있다. 잎이 줄어들기 때문에 식물도 영양을 공급해야 하는 곳이 줄어들어 체력을 보전할 수 있으며, 햇볕도 잘 들어 성장 속도도 빨라진다.

재배 작물의 잎뿐만 아니라 주위에 있는 다른 풀에도 주의를 기울이기 바란다. 주변에 난 풀을 베어내면 작물에 바람이 잘 통할 뿐만 아니라 작물에 닿는 빛도 강해져 광합성이 활발해진다. 그러면 작물이 벌레를 불러들이지 않아도 될 만큼 강하게 성장한다.

🌿 벌레에 대처하는 방법 ①

노린재
- 경계 페로몬으로 개미를 경계시킨다.
- 노린재가 줄어들면 개미나 진딧물이 늘어난다.
- 대책
- 노린재가 알을 낳는 시기에 물을 뿌린다.
- 콩의 경우 파종한 후 45~60일

노린재

이십팔점박이무당벌레
- 약해진 식물을 말려 죽이기 위해 존재한다.
- 잎을 떨어뜨린다. → 생식 성장으로 전환 촉진
- 대책
- 주위에 난 풀을 베어 볕을 잘 받게 한다.
- 필요 없어진 잎을 인위적으로 떨어뜨린다.

이십팔점박이무당벌레

벌레의 소리를
들어라 (2)

명나방(좀나방)을 비롯한 나방은 결코 적이 아니다. 최근에는 벌이 꽃가루를 옮기는 일이 줄어들고 있어 나비나 나방 같은 꽃가루를 옮겨주는 곤충이 충매화에 매우 중요한 존재가 되고 있다. 그러므로 모든 벌레를 무조건 막아야 한다고 생각하지 않았으면 한다.

작물이 충매화에 속한다면 벌레와 관련된 대책을 군이 세울 필요가 없다. 그러나 풍(風)매화처럼 바람이 꽃가루를 옮겨주는 작물이나 자가 수분을 하는 작물 중에는 명나방을 필요로 하지 않는 작물도 많으며, 명나방에게 피해만 입는 경우도 있다. 그런 작물은 명나방을 없애기보다 처음부터 가까이 가지 못하게 하는 방법을 택하는 것이 좋다. 예를 들어 그물 같은 것을 덮어 막거나 물을 뿌리는 방법으로 나방이 가까이 오는 것을 막는 것이다. 또는 나방이나 나비가 무서워하는 무당거미가 집을 짓도록 지지대가 필요한 채소를 주위에 재배하는 방법도 있다.

점박이응애는 진드기이므로 해충의 이미지가 강하지만, 사실 진드기는 동물의 노폐물을 먹는 일을 하며 식물 세계에서도 마찬가지다. 잎의 약한 부분, 예를 들면 박테리아가 침입한 잎에 모여들어 약한 부분을 분해해 잎을 떨어뜨린다. 그러면 그 잎을 미생물이 분해해 미네랄을 만든다. 따라서 점박이응애가 꼬이는 현상은 그 잎에 박테리아가 침입했거나 영양 부족으로 발육이 부진해진 상태이므로 신진대사를 높이기 위해 잎을 떨어뜨리려고 하는 것이다. 잎을 관리하라는 신호라고 볼 수 있다.

점박이응애를 막는 가장 쉽고 빠른 대책은 그 잎을 떨어뜨리는 것이다.

🖋 벌레에 대처하는 방법 ②

명나방
- 천적이 적은 밤에 특수한 눈을 이용해 수분을 한다.
- 대책
- 그물을 치거나 물을 뿌려 벌레가 날아오는 것을 막는다.

점박이응애
- 약한 잎을 분해해서 영양소를 만든다.
- 대책
- 물을 뿌려 제거한다.
- 약한 잎을 인위적으로 떨어뜨린다.

옥수수에 그물을 친다.

명나방

점박이응애

잎에 문제가 발생한 상태이므로 잎을 남겨두는 것은 그리 좋은 방법이 아니다. 다만 진드기가 다른 건강한 잎으로 옮겨갈 가능성이 있으므로 발견하는 즉시 잎 전체에 물을 가볍게 뿌리고 진드기를 제거하는 작업을 해야 한다. 그러면 점박이응애가 급격히 줄어든다.

잎채소가 아닌 이상 잎이 진드기에 먹히더라도 식물이 성장을 멈추는 일은 거의 없다. 단, 잎채소라면 진드기가 붙은 잎을 바로 떨어뜨려야 한다. 열매채소나 뿌리채소는 진드기가 다소 생기더라도 서둘러 대처할 필요는 없다. 이유와 목적을 알면 관리하기가 그리 어렵지 않을 것이다.

벌레의 소리를
들어라 (3)

외잎벌레는 박과 식물에 잘 꼬이는데, 날개가 있어 잡으려고 하면 날아가 버린다. 외잎벌레는 쿠쿠르비타신(cucurbitacin)이 부족해진 잎을 떨어뜨리러 온다. 제 역할을 다한 잎에도 찾아온다. 외잎벌레는 약해진 잎을 곧바로 먹는데, 약해지지 않은 잎은 외잎벌레에 먹히는 순간 독을 생성하기도 한다. 외잎벌레는 이 독으로부터 자신을 보호하기 위해 먼저 잎을 둥근 모양으로 먹은 다음 식물의 혈관인 체관과 물관, 즉 관다발을 절단한다. 그러므로 외잎벌레가 잎을 둥글게 파먹었다면 약한 잎뿐만 아니라 건강한 잎까지 피해를 입은 것이다.

하지만 외잎벌레는 원래 제 역할을 다한 잎을 먹을 때가 많다. 그러므로 만약 외잎벌레를 막고 싶다면 열매가 열린 곳보다 아래에 난 잎을 외잎벌레가 먹기 전에 미리 따버리는 것이 좋다. 예를 들어 오이 같은 열매가 다 자란 뒤, 그 아래에 달린 잎을 따는 것이다. 만약 둥글게 파먹힌 잎이 있다면 외잎벌레를 손으로 잡아 제거한다. 외잎벌레를 잡다가 벌레가 밑으로 떨어졌을 경우에는 벌레가 다시 아래에 난 잎을 먹으므로 굳이 잡으려고 애쓰지 않아도 된다.

거세미는 작물의 뿌리를 먹어버리는 골치 아픈 벌레다. 그러나 사실 거세미는 살아 있는 식물의 뿌리를 먹고 싶어 하지 않는다. 거세미는 원래 산속에 떨어진 잎이 쌓인 퇴적물 속에서 낙엽을 먹으며 자라는 벌레이기 때문이다. 그러므로 거세미에 대처하려면 작물 모종 주변에 깔린 흙에 부엽토를 섞어 거세미에게 작물 뿌리 대신 먹게 하는 것이 좋다. 이와 함께 흙 위에도 부엽토나 마른 잎을 뿌려두면 거세미 때문에 발생하는 피해를 줄일

🌿 벌레에 대처하는 방법 ③

외잎벌레

- 제 역할을 다하고 쿠쿠르비타신이 부족해 진 잎을 먹어 떨어뜨린다.
- 체관을 절단하면 작물은 방어 물질을 분비 한다.
- 대책
  - 떨어져야 할 잎을 인위적으로 떨어뜨린다.

거세미

- 유기물을 섭취하고 배설해서 토양을 입단 화한다.
- 기생벌을 불러들이는 물질을 방출한다.
- 대책
  - 작물 뿌리에서 멀리 떨어뜨리고 미완숙 유기 물을 넣는다.
  - 부엽토를 이용한다.

외잎벌레

거세미

수 있다.

　또한 거세미가 있으면 기생벌을 비롯한 벌들이 모여든다. 기생벌은 벌레의 배 속이나 유충에 알을 낳으므로 벌레들이 무서워하는 존재다. 만약 거세미를 모두 없애버리면 이제껏 벌을 피하느라 보이지 않았던 다른 벌레들이 찾아오므로 거세미를 완전히 없애는 것은 좋지 않다. 작물 뿌리 근처에 있는 거세미만 잡고, 나머지에게는 부엽토를 먹이는 것이 올바른 대처 방법이다.

질병 이해하기

작물도 사람처럼 병에 걸리므로 질병의 원인을 이해할 필요가 있다. 이유를 알면 대처 방법도 마련할 수 있다. 그 전에 먼저 어떤 질병이 있는지 간단히 알아보자.

식물이 걸리는 질병은 대부분 곰팡이가 원인이다. 땅속에 있는 것을 사상균, 땅 위에 있는 것을 곰팡이라 부르는 일이 많지만 사실은 둘 다 사상균이다. 사상균이 발생하는 원인은 습도다. 작물 주변의 습도가 높으면 사상균이 생기며 질병이 발생한다.

흙 속에 피시움균 같은 사상균이 늘어나면 작물이 병든다. 입고병이나 청고병(작물의 잎이나 줄기가 말라 죽는 병-옮긴이)의 주원인이기도 하다. 이러한 문제는 습도뿐 아니라 흙 속에 쉽게 분해되지 않는 유기물이 존재할 때 발생한다. 유기물 중에서도 탄소 비율이 높은 것, 리그닌(lignin)이 많은 것이 그렇다. 대표적으로 마른 나무나 두꺼운 잎 등이 있다. 이러한 것들은 미생물 중에서도 비교적 큰 사상균이 분해하므로 결과적으로 사상균이 늘어나며,

살아 있는 뿌리가 침식하면서 질병의 원인이 되기도 한다.

이러한 질병을 매개로 바이러스에 감염되는 경우도 있다. 벌레가 질병을 일으키는 병원균을 운반하면서 그 균이 상처 부위로 침입하는 것이다. 일단 바이러스에 감염되면 식물을 예전처럼 회복시키기가 어렵다. 물론 건강한 채소라면 나을 수 있을지도 모르지만, 처음부터 이러한 사상균이나 바이러스가 늘어나지 않도록 조심할 필요가 있다.

우선 습도가 높아지지 않게 주의한다. 통풍이 잘되어야 하고 물을 주지 말아야 한다. 물을 반드시 줘야 할 때는 식물에 직접 뿌리지 않는다. 땅에서 증발한 물이 습도를 높이므로 이랑을 잎으로 덮는 방법도 효과적이다.

토양 속 사상균이 늘어나지 않게 하려면 분해가 잘되지 않는 나뭇가지나 두꺼운 잎, 유기물을 밭이 소화하지 못할 만큼 지나치게 뿌리지 말아야 한다. 이러한 것들이 있으면 사상균이 늘어날 수밖에 없으며, 그 사상균이 질병의 원인이 된다.

🍃 질병의 종류

곰팡이가 원인인 것 → 역병(70%)
- 습도가 높으면 병에 걸리기 쉽다.
- 대처 방법
- 흙이 그대로 드러나지 않게 멀칭(82쪽 참조)으로 방제한다.
- 아침 햇볕을 쬐게 한다.
- 곰팡이가 생긴 잎은 제거한다.

벌레가 옮기는 것 → 박테리아 · 바이러스
- 벌레가 가까이 오지 못하게 한다.
- 미열 퇴비(음식물 쓰레기나 낙엽을 처리해 만든 퇴비) 같은 비료분을 쓰지 않는다.
- 벌레가 많은 곳은 한랭사를 씌운다.
- 트랩을 설치한다.

영양 부족의 징후,
질소

무비료 재배를 하다 보면 영양이 부족하다는 사실을 알리는 다양한 징후가
나타난다. 이를 토양의 염기 균형이 깨졌다고 표현하기도 한다. 토양에 부
족해지기 쉬운 영양소는 주로 다량 원소라 불리는 질소, 인산, 칼륨, 마그네
슘, 칼륨 등이다. 무비료 재배를 하다 보면 그중에서도 질소가 자주 부족해
진다.

　질소는 잎이나 줄기를 만드는 영양소로 알려져 있다. 그러므로 질소가 부
족하면 줄기가 제대로 성장하지 못한다. 잎이 짙은 녹색을 띠게 하는 것은
질소, 정확히 말하면 '질산태 질소'다. 이 질소가 부족해지면 잎을 만들 수
없으며 잎이 띤 녹색도 엷어진다. 결국 잎이 노란색으로 변하는데, 이것이
질소 결핍의 징후다. 잎이 떨어질 때가 되면 질소가 빠져나가 노랗게 변하
는 것처럼, 잎이 질 때가 아닌데도 이와 같은 현상이 일어난다. 나뭇잎 전체
가 노란색으로 변하는 것이다. 노랗게 변한 잎은 떨어질 때가 되었다는 뜻
이므로 벌레들이 몰려와 잎을 갉아먹는다.

이러한 사태를 막으려면 어떻게 해야 할까? 질소를 만들어내는 것은 미생물이므로 미생물을 늘려야 한다. 미생물을 늘리려면 먹이가 될 유기물, 공기, 물, 빛 등이 토양에 들어가게 해야 한다. 미생물이 유기물을 분해하면 질소가 공급된다. 하지만 이렇게 한다고 해서 효과가 즉각 나타나는 것은 아니다. 어디까지나 현재 질소가 부족하다는 사실을 인식하고, 다음 재배를 위해 대처 방법을 강구할 기회를 얻는 것뿐이다.

마찬가지로 바로 효과가 나타나지는 않지만 뿌리를 자르는 방법도 있다. 이 방법은 가짓과 작물에 효과적이다. 원줄기에서 30센티미터 정도 떨어진 곳까지 뿌리가 뻗어 있으면 그 자리에 삽을 넣어 뿌리 끝을 자른다. 그러면 새 뿌리가 나오고 질소를 흡수한다. 오래된 뿌리는 질소를 잘 흡수하지 못한다.

🌿 영양 부족 대책 ①

영양이 부족하면 부식화를 진행한다.
- 쌀겨, 깻묵, 부엽토 등을 넣은 퇴비를 뿌린다.
- 미생물을 늘린다. → 유기물, 공기, 물, 빛의 공급
- 뿌리를 잘라 새 뿌리를 낸다.(가짓과 식물에 효과적)
- 초목회로 칼슘을 보충한다.

꽃이 지는 현상 → 수분 부족, 수분 실패, 질소 부족

질식·영양 부족 → 뿌리 주변의 흙을 부드럽게 한다.

칼슘을 보충해 질소 흡수율을 높이는 방법도 있다. 그러나 칼슘만 단독으로 공급하면 도로아미타불이 된다. 이처럼 특정 영양소가 모자라다고 그것만 보충하면 미네랄 균형이 무너지기 때문이다. 칼슘은 초목회에 풍부하므로 뿌리 주변의 흙을 살짝 파고 그 안에 초목회를 넣어야 다른 미네랄도 균형을 유지할 수 있다.

어떤 방법을 쓰든 일단 이랑에 질소가 부족하다는 사실만 알아차릴 수 있다면 다음 작물을 재배할 때 질소가 풍부한 토양을 만들 수 있을 것이다.

영양 부족의 징후,
인산과 칼륨

질소 다음으로 자주 나타나는 것이 인산 부족 현상이다. 인산이 부족하면 열매채소는 꽃이 지고 잎은 붉거나 푸르게 변색된다. 이때 토양이 약산성 (pH5.5)에 가깝게 바뀌도록 식초를 물에 300배 정도 희석해 뿌려주면 효과적이다.

이럴 때 단순히 '인산이 풍부한 쌀겨를 뿌리면 되지 않을까?'라고 생각할 수 있지만, 쌀겨 하나만으로는 별 효과가 없다. 그러므로 잎이나 잡초를 쌀겨로 분해시킨 잡초 퇴비를 미리 만들어두기 바란다.

마그네슘이 부족하면 인산이 제대로 흡수되지 않으므로 초목회를 뿌리는 방법도 있다. 단, 초목회를 뿌리면 흙의 알칼리성이 도리어 강해진다는 점에 주의해야 한다. 그러므로 초목회를 뿌릴 때는 반드시 희석한 식초를 함께 뿌린다.

칼륨이 부족하면 잎 끝부분이 노랗게 변한다. 칼륨은 뿌리를 만드는 영양소로 알려져 있다. 칼륨이 부족하면 뿌리 끝이 제대로 자라지 못해 문제를 일으키며, 그 뿌리와 이어진 잎에도 악영향을 준다.

이러한 증상은 마그네슘이 많고 철분이 적을 때 일어나기 쉽다. 이때도 피트모스를 사용해 토양을 약산성으로 바꿔주는 것이 좋다. 부엽토에는 칼륨 성분이 많으므로 분해가 진행된 부엽토를 사용하는 방법도 있다. 뿌리 부근을 파고 그 자리에 부엽토를 뿌린다. 철은 칼륨 흡수를 촉진하므로 쇠 못을 넣은 물을 뿌리는 방법도 조금이나마 효과가 있다. 어떤 방법이든 다

🌱 영양 부족 대책 ②

인산 부족
- 잎이 보라색으로 변함, 철·알루미늄이 많음
- 난용성 인산을 사용할 수 없다. → 식초를 사용해 토양을 약산성으로 바꾼다.
- 당을 추가하거나 부엽토(당으로 부엽토화한 것)를 뿌리 끝부분에 추가한다.
- 초목회를 사용해 마그네슘을 보충한다.

칼륨 부족
- 잎이 끝에서부터 노랗게 변함, 마그네슘이 많음
- 마그네슘과 대항 관계에 있다.
- 물에 300배 희석한 식초를 뿌리거나 피트모스를 사용해 토양을 약산성으로 바꾼다.
- 부엽토를 뿌리 부근에 추가해 마그네슘 비율을 낮춘다.
- 쇠못을 넣은 물을 뿌려 철분을 늘린다.

음에 토양을 만들 때 활용할 수 있는 방법을 택하는 것이 좋다.

그 밖에도 칼슘이나 마그네슘이 부족한 경우가 있다. 칼슘이 부족할 때는 토양의 산성도가 높아져 있는 경우가 많다. 산성이 되면 뿌리의 성장이 멈추므로 작물이 제대로 자라지 못한다. 이럴 때 초목회를 사용하면 좋다. 초목회에는 칼륨, 칼슘, 마그네슘이 들어 있으므로 즉각적인 효과를 볼 수 있다.

뿌리의 노화

모종을 심으려고 포트에서 꺼냈을 때 뿌리가 빽빽하게 뻗어 하얗게 변해 있을 때가 있다. 이는 뿌리가 노화한 것이다. 뿌리는 밑으로 뻗어나가다 갈 곳을 잃으면 옆으로 꺾어 한 바퀴를 빙 돈 다음 다시 위를 향해 자란다. 뿌리가 이렇게 위를 향해 자라면 밭에 심었을 때 뿌리를 제대로 내리지 못한다. 이러한 실패 사례를 주위에서 흔히 볼 수 있다.

작물 뿌리가 자라지 않으면 뿌리에서 산이나 당이 방출되지 않으므로 흙에 결합되어 있는 미네랄을 분리하지 못하고, 근권 미생물 또한 늘어나지 않는다. 그래서 인산이나 칼륨을 흡수하지 못해 식물이 뿌리를 내리지 않고 성장을 멈추며, 심하면 시들어버리기도 한다.

작물이 제대로 자라지 못한다는 생각이 들면 일단 모종을 흙에서 꺼내본다. 흙에서 꺼냈을 때 뿌리 형태가 조금도 흐트러지지 않고 그대로라면 제대로 뿌리를 내리지 못했다는 뜻이다.

이처럼 뿌리가 엉켜 있는 모종은 반드시 뿌리를 부드럽게 풀어줘야 한다. 뿌리를 정리해 땅속에서 잘 뻗어나가도록 유도하는 것이다. 뿌리를 일정 부분 잘라내는 방법도 있다. 뿌리가 잘린 모종은 일단 성장을 멈추지만, 새로운 뿌리가 나면 땅속을 향해 잘 뻗어나갈 것이다.

모종을 밭에 심을 때 밭의 흙을 최대한 바싹 말린 다음 모종을 물에 충분히 적셔서 심는 방법도 있다. 이 방법을 사용하면 뿌리가 밖을 향해 흘러나가는 물을 따라 뻗어나가므로 뿌리를 내리기 더 쉽다.

모종 포트에 담긴 흙은 비료를 사용해 영양이 풍부한 반면, 밭의 흙은 비료를 전혀 쓰지 않아 뿌리가 땅속으로 뻗어나가기를 꺼리는 일이 생기기도 한다. 모종을 대형 마트 같은 곳에서 구입해 무비료 이랑에 심었을 때 종종

🌿 모종의 노화

뿌리를 뻗을 곳이 없어 뿌리가 부자연스럽게 구부러진다.

모종 포트에서 일어날 수 있는 현상

- 뿌리가 인산이나 칼륨을 사용할 수 없다.
- 뿌리 끝에서 산을 방출하지 못한다. → 근권 미생물이 부족해진다.
- 뿌리를 제대로 뻗지 못한다. → 밭에 심어도 제대로 뿌리를 내리지 못한다.
- 대책
  - 뿌리를 부드럽게 풀어준다.
  - 뿌리 끝을 자른다.
  - 삽으로 뿌리를 자른다.

일어나는 현상이다.

　모종은 가급적 직접 키워야 밭에 뿌리를 잘 내린다. 모종을 키울 때 쓰는 흙에는 반드시 옮겨 심을 밭의 흙이 50% 이상 섞여 있어야 한다. 그렇게 하면 토양의 질이나 토양 속 미생물군이 비슷해지므로 실패할 확률이 줄어든다. 모종을 밭에 옮겨 심는 것은 낯선 환경으로 이사를 하는 것이나 마찬가지이므로 간단한 작업이라 생각하지 말고 신중히 진행해야 한다.

역병

역병은 바이러스를 매개로 전염되며 작물이 걸릴 수 있는 가장 무서운 병이다. 역병의 발생 메커니즘은 그리 복잡하지 않다. 앞서 설명한 것처럼 작물이 곰팡이에 침식되면 잎과 줄기가 약해진다. 잎과 줄기가 약해지면 그 부위에 상처가 생기고 벌레가 날아든다. 그 벌레가 역병 바이러스를 지니고 있으면 바이러스가 잎이나 줄기의 상처 부위로 침입해 작물이 병에 걸린다.

이때 건강한 작물은 잎의 표면이나 내부 또는 뿌리에 있는 식물내생생물인 미생물군이 움직인다. 이 미생물군은 병원균으로부터 식물을 보호하는 역할을 한다. 병원균은 당을 먹이로 삼으므로 식물내생생물은 병원균에 가는 당을 차단하고 균을 사멸시킨다.

이러한 식물내생생물이 급격히 감소하는 경우가 있다. 바로 농약이다. 농약을 많이 뿌릴수록 식물내생생물이 사라져버려 작물이 질병에 걸리기 쉬운 상태가 된다. 물론 작물이 제대로 성장하지 못하는 것도 이러한 식물내생생물의 급격한 감소가 원인이다. 식물내생생물이 풍부하면 작물에 물을 자주 줄 필요가 없어진다.

　무비료 재배에서 작물을 질병으로부터 지키려면 식물이 본래 지니고 있는 힘을 살려야 한다. 그러려면 가급적 화학 약품을 사용하지 않아야 하며, 바람이나 빛이 잘 들게 해야 한다. 식물은 빛을 쬐면 광합성을 하며, 광합성을 해야 식물내생생물이 늘어난다. 식물내생생물이 광합성으로 만들어진 당을 먹이로 삼기 때문이다.

　또 질소가 과잉되어 잎에서 빠져나가면 벌레가 날아든다. 벌레는 역병을 전파하는 주요인이므로 벌레가 날아드는 것을 막기 위해서라도 염기 균형

🖊 역병에 관해

역병의 발생 과정 알아두기
① 곰팡이 관련 질병 또는 농약 사용으로 식물내생생물이 사멸
② 벌레가 꼬임, 벌레가 잎을 갉아먹음
③ 역병에 감염
④ 식물내생생물의 힘이 부족해 병원균과 싸우지 못함
⑤ 역병의 발생

바람과 햇볕이 잘 들게 하고, 질소 과잉을 피한다.

　•청고병과 입고병은 가장 대표적인 역병
→ 다양한 원인으로 생명력이 약화되어 발생한다.

입고병

과 미네랄 균형을 맞춰줘야 한다. 그러려면 가급적 자연에 있는 것들을 밭에 이용하는 것이 좋다.

흙 속에 뿌리는 유기물에도 한도가 있다. 무조건 많다고 해서 좋은 것이 아니다. 유기물을 뿌릴 때 반드시 이 한도를 넘지 않도록 한다. 유기물이 너무 많으면 사상균이 늘어나 작물 뿌리를 약화시키므로 양을 적당히 조절하는 것이 중요하다.

곤충과 질병 요점 정리

곤충 이해하기

- 곤충의 생태계와 먹이사슬을 파악한다.
- 채소가 벌레 먹는 것은 모두 합당한 근거가 있으므로 그 근거를 잘 아는 것이 중요하다.
- 작물과 공생하는 토양 동물 : 지렁이, 진딧물, 딱정벌레, 벌, 거미, 나비
- 작물을 해치는 토양 동물 : 나비와 나방의 애벌레, 굴파리, 이십팔점박이무당벌레
- 진딧물은 개미, 무당벌레, 노린재 등과 관계가 있는 곤충 생태계의 핵심 생물이다.

질병 이해하기

- 질병을 일으키는 주원인은 사상균(곰팡이)과 영양 부족이다.
- 사상균을 막는 법
- – 땅의 습도를 낮추고, 물은 꼭 줘야 할 때만 준다.
- – 흙에 유기물을 지나치게 많이 공급하지 않는다.

영양 부족을 막는 법

- 질소가 부족하면 잎이 누렇게 변한다. → 유기물을 공급해 미생물을 늘린다.
- 인산이 부족하면 꽃이 지고 잎이 붉거나 푸르게 변한다. → 토양의 산도를 조절한다.
- 칼륨이 부족하면 잎 끝이 노란색으로 변하고 뿌리 끝도 제대로 자라지 않는다. → 마그네슘을 줄이고 철분을 늘린다.
- 칼슘이나 마그네슘이 부족하면 초목회를 뿌린다.

역병 이해하기

- 역병은 바이러스가 일으킨다.
- 약해진 잎과 줄기로 바이러스를 보유한 벌레가 날아들어 병에 걸린다.
- 식물내생생물은 침입한 바이러스와 맞서 싸우는 역할을 한다.
- 식물내생생물이 활발하게 활동할 수 있도록 작물을 관리하고, 질소를 지나치게 공급하지 않는다.

다섯 번째

작물 재배

텃밭 채소의 공영 식물과 재배법

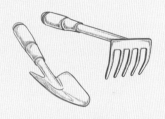

공영 식물

무비료 재배를 할 때는 앞서 소개한 것처럼 공영 식물을 이용한 재배법이 효과적이다. 이는 종류가 다른 여러 작물을 같은 이랑이나 플랜터에서 함께 재배하는 방법이다. 그중에서도 가장 좋은 방법은 과(科)가 다른 식물을 다섯 종류 이상 갖추는 것이다. 식물에는 다양한 과가 있으며, 과마다 다른 역할이 있다. 그래서 다양한 식물을 함께 심는 것이 흙 속 미생물이나 미네랄 균형을 유지하는 데 가장 좋다. 주위를 둘러봐도 한 가지 잡초로만 뒤덮여 있는 곳은 거의 없다. 자연도 다양한 식물을 통해 흙 속의 균형을 지키고 있기 때문이다. 재배를 할 때도 이 점에 주목하면 흙 속에 있는 미네랄이나 미생물이 자연스럽게 균형을 유지하므로 토양이 메마르는 일은 줄어들 것이다.

예를 들어 파 같은 수선화과는 뿌리에 매우 강한 소독 능력을 지닌 균이 공생한다. 그래서 파를 이랑이나 플랜터에 심어두기만 해도 작물이 병에 걸릴 가능성이 급격히 줄어든다. 경험적으로 파에는 입고병을 일으키는 피

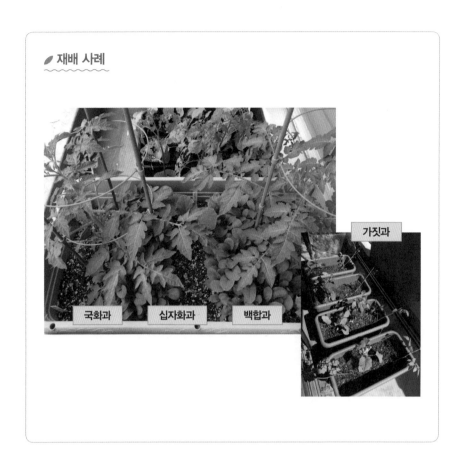
시듦균을 억제하는 능력이 있는 것으로 보인다. 유사한 작물에도 비슷한 효과를 기대할 수 있지 않을까 하는 생각에 채소를 재배할 때마다 파와 비슷한 작물을 꼭 심어두려고 하는 편이다.

　국화과 식물 중에는 벌레가 먹으면 강한 독성을 발휘하는 것이 있다. 향기를 이용해 벌레가 꼬이지 못하게 하는 것도 있어 벌레가 잘 꼬이는 밭이나 작물 주변에 쑥갓 같은 작물을 심는 경우도 많다. 벌레가 싫어하는 작물로는 미나리과 식물이나 차조기과 식물도 있다. 모두 향으로 벌레 수를 통제하는 능력이 있다.

십자화과 식물은 다른 식물의 성장을 촉진하는 역할도 하며, 이랑 전체에 뿌려두면 이랑을 자연스레 보호해준다. 단, 십자화과 식물은 너무 커지면 오히려 다른 작물을 방해할 수 있으므로 적당히 자랐을 때 빠르게 수확해야 한다. 콩과 식물은 공기에 있는 질소를 고정하는 뿌리혹박테리아를 늘려서 흙 속에 질소를 공급한다. 이처럼 식물은 과마다 다른 특성을 지니므로 이 차이를 활용해 이랑이나 플랜터를 설계하는 것이 좋다.

토마토

이제부터는 채소 종류에 따른 재배 방법을 간단히 설명하려 한다. 토마토
나 방울토마토는 인기가 많은 채소이므로 여러 경로로 다양한 재배법을 찾
아볼 수 있다. 하지만 무비료 재배를 할 때는 몇 가지 다른 점이 있어 이 차
이를 중심으로 토마토 재배법을 간단히 설명하려고 한다.

우선 토마토는 모종을 만들어둔다. 두 번째 장에서 설명한 것과 같은 방
법으로 두 달 전부터 모종을 만든다. 토마토는 원래 기는줄기 채소로, 줄기
가 땅 위를 기듯이 뻗어나간다. 그랬던 것을 인간이 관리와 수확의 효율성
을 높이기 위해 인위적으로 재배 방법을 바꿨다. 하지만 무비료 재배에서
이처럼 토마토가 지닌 본래의 습성을 무시할 경우 재배에 실패하는 일이
잦다.

기는줄기 채소는 당연히 땅을 기어 다니게 해야 더 많은 열매를 맺는다.
토마토는 곁눈이 생기는 식물이다. 곁눈은 본줄기와 곁줄기 사이에 나는
작은 잎을 말한다. 곁눈이 나면 가지가 땅에 닿는다. 토마토는 이렇게 분신

토마토 재배 포인트

윗부분에 난 곁눈은 따버린다.

보통 곁눈을 4~5개 정도 남긴다.

첫 번째 꽃보다 아래에 달린 곁눈도 따준다.

40~50cm

위에서 본 그림

옆에서 본 그림

• 이랑의 높이는 30센티미터 이상
• 이랑 끝부분에 심는다.

토마토 줄기를 땅에 심어 뿌리 수를 늘린다. 특히 뿌리털을 늘리는 것이 좋다. 뿌리털에는 균근균(식물 뿌리에 공생하는 미생물―옮긴이)이 많아 영양분을 잘 흡수한다.

곁눈

미디엄 토마토보다 작은 유한생장형 토마토는 곁눈에 토마토가 많이 달리므로 너무 많이 따지 않도록 한다.

술을 써가며 점점 줄기를 늘려가는 식물이다.

토마토 줄기에는 작은 털이 난다. 이러한 털은 평소에는 공기 중에 있는 수분을 끌어당기는 역할을 하다가 줄기가 땅에 닿으면 거기에서 뿌리를 뻗는다. 따라서 토마토는 땅을 기듯이 뻗어나가게 하는 편이 훨씬 효율적으로 영양분을 흡수할 수 있다.

재배를 하는 입장에서는 이렇게 토마토를 눕혀 키우면 관리나 수확이 어렵다. 그래서 토마토 모종을 키울 때는 줄기가 옆으로 뻗게 됐다가 모종을 밭에 심을 때 줄기를 15~20센티미터 정도 깊이로 땅에 묻는 방법을 쓴다. 묻은 줄기에서 뿌리, 특히 곁뿌리와 뿌리털이 나므로 줄기를 곧게 세워 심었을 때보다 뿌리의 양이 몇 배나 많아진다.

이 방법을 쓰면 토마토를 눕혀 키울 때처럼 영양분을 많이 흡수할 수 있다. 곁눈으로 가야 할 영양분을 확보하는 것이다. 그러면 곁눈을 전부 딸 필요가 없다. 단, 그렇다고 곁눈을 너무 많이 남겨놓으면 수습할 수가 없으므로 방울토마토는 곁눈을 최대 7개, 방울토마토와 일반 토마토의 중간 크기인 미디엄 토마토는 4개, 일반 토마토는 2개를 남기고 나머지 곁눈은 모두 제거한다. 곁눈에도 토마토가 많이 열리므로 수확량이 증가한다. 또한 곁눈을 키우면 본줄기가 생기므로 이렇게 하면 토마토를 8줄기, 5줄기, 3줄기 키우는 것과 마찬가지다.

곁눈 중에 어느 것을 따고, 어느 것을 남겨야 할까? 일반적으로 처음 핀 꽃보다 아래에 있는 곁눈은 따버린다. 이것을 남겨두면 두꺼운 줄기가 많이 나오므로 영양분이 부족해지기 때문이다. 방울토마토는 곁눈을 최대 7개 정도 남기고 그보다 위에 난 곁눈은 전부 딴다. 그 이상 남기면 곁눈이 자라면서 윗부분이 무거워져 토마토가 쓰러지고, 열매도 잘 맺지 못하므로

토마토는 45도를 좋아한다.

따버리는 것이 낫다.

또한 토마토의 곁눈은 본줄기와 곁줄기 사이에 나므로 대개 45도 각도로 뻗어나간다. 토마토는 45도를 좋아하는 식물이므로 자라나는 곁눈을 45도 방향으로 뻗게 유인하면 열매가 잘 맺힌다.

이 외에도 식물 중에는 45도를 좋아하는 식물이 많다. 중력은 위에서 아래로, 지구가 자전할 때는 좌우로 힘이 작용하므로 균형을 맞추기 위해 45도를 좋아하는 것으로 보인다. 45도로 뻗은 가지에 달린 꽃이 꿀벌이 수분하기 가장 쉽다는 말도 있다. 방향은 어느 쪽이든 상관없으니 줄기가 45도로 뻗을 수 있게 신경을 쓰자. 줄기를 45도로 유인해 줄기를 둘둘 말아 나가는 방법도 있다. 이 방법은 서둘러 유인하지 않으면 점점 더 말기 힘들어지므로 주의한다.

토마토는 열매가 익으면 그 밑에 달린 잎 세 장이 떨어져버리는데, 토마토 열매를 키우는 것은 사실 이 세 장의 잎이라고 한다. 토마토 씨가 성숙하면 역할을 마친 잎 세 장은 질소가 빠져나가면서 노랗게 시들어간다. 토마토는 역할을 다한 잎에도 영양분을 보내려 한다. 만약 그대로 방치하면 빠져나가는 질소를 얻으려는 벌레들이 모여드는데, 식물이 잎을 떨어뜨리기 위해 벌레의 힘을 빌린다는 주장도 있다. 하지만 벌레가 꼬이면 잎이 지는 동안에는 도움을 받을지 몰라도 그 후에는 벌레가 새잎까지 먹어버리는 문제가 생긴다. 벌레를 내버려 뒀다가는 벌레에 죄다 먹힐 수 있다.

이러한 사태를 막기 위해 필요 없는 잎을 벌레보다 먼저 제거해버리는 방법을 쓰기도 한다. 벌레가 해야 할 일을 없애버리면 벌레가 꼬이는 것도 막을 수 있기 때문이다. 참고로 토마토 열매가 맺히면 부지런히 따야 한다. 열매를 수확하지 않으면 토마토는 자손을 남기지 않아도 된다고 안심해버려 다시 열매를 맺으려고 하지 않는다.

토마토의 공영 식물

토마토가 건강하게 잘 자라도록 토마토의 성장을 돕거나 토마토와 궁합이 잘 맞는 채소를 함께 심는다. 토마토와 잘 어울리는 채소로는 먼저 이탈리안 파슬리를 들 수 있다. 이탈리안 파슬리는 미나리과 식물이어서 벌레를 쫓는 효과가 있다고 한다. 벌레를 쫓는 효과가 있는 식물 중에서 토마토와 잘 어울리는 다른 채소로는 꿀풀과 식물인 바질이 있다.

토양을 보호하는 데 도움을 주는 지피 식물로는 소송채를 심는다. 지피 식물로 잡초를 심어도 되지만, 잡초는 대부분 생명력이 지나치게 강해 오히려 작물에 피해를 입힐 수 있다. 그래서 기왕이면 먹을 수 있는 풀을 아래에 키워 이랑이 그대로 드러나는 것을 막는다. 소송채는 일 년 내내 키울 수 있지만, 겨울 채소이므로 여름에 심으면 잘 자라지 않아 지피 식물로 안성맞춤이다. 씨를 흙 표면에 잔뜩 뿌린 다음, 마치 풀을 관리하듯이 다 자라기 전에 뜯어서 먹는다.

콩과 식물 중에는 강낭콩이 토마토와 잘 어울린다. 나는 호랑이 강낭콩을

함께 심으면 좋은 채소
- 소송채(십자화과)
- 이탈리안 파슬리(미나리과)
- 파(수선화과)
- 호랑이 강낭콩(콩과)

소송채는 지피 식물로 좋다.
본잎이 5~6장 정도 나왔을
때 부지런히 솎아내 먹는다.

자주 쓰는데, 특히 왜성 강낭콩(키가 작은 강낭콩)이 토마토와 잘 어울리는 것
같다. 콩은 토양을 풍요롭게 하므로 토마토 사이에 한 그루씩 심어두면 다
음에 다른 채소를 심을 때도 도움이 된다.

질병을 방지할 목적으로 파를 심어두기도 한다. 이미 다 자란 파여도 상
관없다. 밭에서 한 개 뽑아 오거나 채소 가게에서 사온 파를 심어도 상관없
다. 파를 심어두면 토양을 살균하는 효과도 있어 급성 시들병(세균 때문에 걸
리는 병으로 푸른 잎이 낮에는 시들고, 밤에는 일시적으로 회복하는 증상을 반복하다 결국

말라 죽는다.)이 발생하기 쉬운 토마토에 매우 잘 어울린다. 파를 심으면 토양 속 미생물의 균형이 쉽게 깨지지 않아 연쇄적인 피해도 막을 가능성이 높다.

작물에 도움을 주는 공영 식물이 무엇이 있을지 고민할 때는 그 작물과 함께 먹었을 때 잘 어울리는 채소가 무엇인지를 생각하면 쉽게 답을 얻을 수 있다. 두 가지 채소를 함께 요리했을 때 과연 맛이 잘 어울릴지 상상력을 한번 발휘해보기 바란다.

가지

가지는 비료를 많이 먹기로 유명한 채소다. 가지를 키울 때는 영양을 인위적으로 공급해야 하는 상황이 생길 수도 있다. 하지만 이는 어디까지나 최후의 수단으로 생각해두자. 두 번째 장에서 소개한 것처럼 이랑 아래에 유기물을 묻는 방법을 이용하면 비료를 쓰지 않고도 가지를 키울 수 있다.

두 번째 장에서 소개한 방법으로 만든 이랑 위에 2개월 정도 키운 가지 모종을 심으면 되는데, 가지는 물을 좋아하기 때문에 반드시 낮은이랑에서 재배한다. 이랑 중에서도 쉽게 마르지 않는 밭 한가운데 심는 것이 좋다. 모종의 본잎이 6장 정도 나왔을 때 심는 것이 가장 좋지만, 모종을 키우는 포트가 작을 때는 뿌리가 제대로 뻗지 못하고 노화될 수 있으므로 그럴 경우에는 밭에 좀 더 일찍 심는다.

가지는 땅 온도가 어느 정도 높아야 하므로 볕이 잘 드는 곳에 모종을 심고, 주변을 풀로 덮어 온도가 떨어지지 않게 한다. 모종 주변뿐만 아니라 이랑 전체에 풀을 덮어도 좋다. 그렇게 하면 이랑의 수분이 쉽게 증발하지 않

🌿 가지 재배 포인트

온실에서 모종을 키운다.(섭씨 26도 이상)

• 본잎이 6장 정도 나오면 밭에 옮겨 심는다.

가지를 키울 때는 비료와 물이 필요하다.

• 보카시 비료 사용을 검토한다.(108쪽 참조)
 − 쌀겨, 초목회, 깻묵

• 건조할 때는 물을 주는 것도 고려해본다.

낮은이랑의 한가운데에 심는다.

볕이 잘 드는 곳에 심고, 주변에 난 풀을 베어 쓰러뜨린다.

뿌리나 이랑 위에 풀을 덮어 땅의 온도가 떨어지지 않게 한다.

첫 번째 꽃보다 아래에 난 곁눈 2개를 키워 줄기가 3~4개가 되도록 한다.

첫 번째 꽃보다 아래에 난 곁눈 2개를
키워 줄기가 3~4개가 되도록 한다.

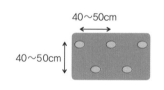

위에서 본 그림

40~50cm
40~50cm
40~50cm

으므로 건조한 환경을 싫어하는 가지가 잘 자랄 수 있다.

가지도 토마토와 마찬가지로 곁눈이 나는데, 곁눈의 줄기가 땅에 닿아도 뿌리를 내리지는 않으므로 토마토처럼 줄기를 땅에 묻지 않는다. 그 대신 곁눈이 어느 정도 자라면 제거한다. 첫 번째 꽃보다 아래에 난 곁눈은 두

개, 첫 번째 꽃보다 위에 난 곁눈은 한 개 정도 남기고 나머지는 전부 따버린다.

가지의 곁눈도 토마토처럼 45도로 뻗으므로 곁눈이 45도로 자랄 수 있게 유도한다. 곁눈이 자라면 드디어 열매를 맺는데, 가지는 곁눈이 열매의 무게를 느끼는 순간 영양 성장에서 생식 성장으로 바뀐다. 영양 성장은 잎과 줄기가 자라는 성장을 말하는데, 열매가 맺히면 이러한 성장이 멈추고 이제껏 성장에 쓰인 영양분이 열매를 맺는 일에 쓰인다. 그러므로 열린 가지를 수확하지 않고 그대로 두면 가지는 줄기를 더 뻗지 않고 성장이 멈춘다. 반면 가지가 열렸을 때 서둘러 수확을 하면 식물이 열매의 무게를 감지하지 못해 다시 줄기를 뻗고 다음 열매를 맺을 준비를 한다. 이처럼 가지는 수확을 부지런히 할수록 더 많은 열매를 얻을 수 있는 작물이다.

가지가 제대로 성장하지 않을 때는 뿌리 주변을 조금 판 다음 108쪽에서 설명한 보카시 비료를 뿌린다. 단, 엄격하게 무비료 재배를 하고 싶다면 가지가 잘 자라지 않더라도 당분간 그대로 지켜보는 것을 추천한다.

가지의 공영 식물은 토마토와 크게 다르지 않다. 같은 가짓과 식물이므로 잘 어울리는 채소도 거의 정해져 있다. 단, 가지는 땅의 온도 관리가 중요한 식물이므로 마찬가지로 온도가 중요한 채소를 함께 심는 편이 좋다. 토마토의 공영 식물로 소개한 채소를 함께 심는 방법도 있지만, 이번에는 종류를 조금 바꿔보자.

가지와 함께 심으면 좋은 채소로 당근이 있다. 당근과 가지는 성질이 전혀 다르므로 두 채소를 함께 심으면 당근이 그리 잘 자라지 않는다. 하지만 미나리과 식물인 당근의 향에는 벌레를 쫓는 효과가 있어 그만큼 가지가 성장하는 데 도움이 된다.

🌿 가지의 재배 사례

함께 심으면 좋은 채소
- 당근
- 바질
- 강낭콩
- 마늘

가지는 물이 마르지 않게 주의한다!

　나는 공영 식물을 '주연'과 '조연'이라는 관점에서 선택한다. 여기서는 주연인 가지를 잘 키울 수 있도록 조연 역할을 하는 채소를 심는 것이다. 조연으로 잡초를 사용하고 싶을 때가 많을 것이다. 그러나 잡초는 앞서 설명한 것처럼 매우 강한 식물이므로 성장에 도움을 주는 동안에는 괜찮지만 시간이 지날수록 점차 작물의 성장을 방해한다. 그래서 잡초 대신 채소를 함께 심는 것이 가장 좋다. 게다가 채소는 먹을 수도 있다. 조연을 주연만큼 잘 키울 필요는 없지만, 가지를 모두 수확하고 나면 조연이었던 채소가 갑자기 쑥쑥 자랄 때도 있다.

　벌레를 쫓기 위해 당근 외에도 꿀풀과인 바질을 심는다. 가지나 당근을

볶을 때 바질을 함께 넣으면 매우 잘 어울리므로 자랄 때도 함께 심으면 좋을 것이라 추측해볼 수 있다. 실제로 바질을 함께 심은 이랑의 가지는 벌레 먹는 일이 줄어들었으므로 제법 효과가 있다.

세 번째 조연은 왜성 강낭콩이다. 강낭콩은 땅에 질소를 고정하는 능력이 있는 중요한 채소다. 이랑 곳곳에 강낭콩을 심으면 주연인 가지의 성장을 도울 뿐만 아니라, 다음에 키울 채소에도 도움을 준다.

네 번째 조연으로 마늘을 심는다. 마늘은 매우 강한 작물이므로 자칫하다가는 주연인 가지의 성장을 저해할 수도 있지만, 그만큼 강력한 소독 능력을 지니고 있어 병에 걸리기 쉬운 가지의 건강을 지켜준다. 마늘의 힘이 너무 강하다고 느껴지면 다른 수선화과 채소, 특히 부추아과 채소인 부추를 심어도 된다.

일단 이렇게 채소 다섯 가지를 심는다. 밭에 심든 플랜터에 심든 상관없다. 아무리 이랑이 길어도 이렇게 여러 채소를 함께 심으면 잘 자란다.

피망

피망도 기본적으로는 모종을 키운 다음 옮겨 심는다. 피망은 대개 손이 많이 가지 않고 쉽게 무비료 재배를 할 수 있는 채소로, 플랜터에서도 키울 수 있다.

우선 본잎이 5장 정도 나올 때까지 모종을 키운다. 모종 포트가 작으면 뿌리가 제대로 자라지 못하므로 그보다 조금 더 일찍 옮겨 심는다.

피망은 건조한 환경에 약한 작물이지만 물도 싫어하기 때문에 이랑을 높게 만드는 대신 밭 중앙에서 조금 떨어진 가장자리 쪽에 심는다. 모종 사이의 간격은 50센티미터 정도로 한다. 피망은 바람이 잘 통하지 않으면 벌레가 먹거나 곰팡이가 생기기 쉬우므로 간격을 충분히 두고 심는다. 피망은 습기에 매우 약하기 때문에 가급적 볕이 잘 드는 곳에 심는 것이 좋다.

피망은 그냥 내버려둬도 잘 자라는 작물이지만 잎이 너무 많이 우거지면 노린재 같은 벌레에 피해를 입으며, 바람이 잘 통하지 않으면 병에 걸리기 쉬워 잎을 솎아내는 작업이 필요하다. 피망도 꽃이 핀 후에 열매를 맺는데,

🌿 피망 재배 포인트

온실에서 모종을 키운다.(섭씨 22도 이상)

• 본잎이 5장 정도 나오면 밭에 옮겨 심는다.

건조한 환경에 약하다.

• 건조할 때는 물을 주는 것도 검토해본다.

바람이 잘 통하게 한다.

• 모종은 50센티미터 간격으로 심는다.

이랑을 높게 만든 다음 모종을 이랑의 끝과 가운데 사이에 심는다.

반드시 볕이 잘 드는 곳에 심어야 한다. 모종을 심고, 주위에 나 있는 풀을 베어 쓰러뜨린다.

뿌리 주변과 이랑 위에 풀을 덮어 땅의 온도가 떨어지지 않게 한다.

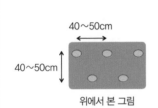

40～50cm

40～50cm

위에서 본 그림

첫 번째 꽃보다 아래에 난 곁눈 2개를 키워 줄기가 3～4개가 되게 한다.

열매가 성장하면 그 밑에 달린 잎의 역할이 끝나버리므로 잎을 따서 바람이 잘 통하게 하면 성장이 좋아진다.

어떤 잎을 솎아내야 할지 잘 모를 때는 피망을 위에서 한번 내려다보자. 위에서 보면 잎이 겹치는 부분이 많이 보일 것이다. 그중에서 열매를 모두 수확한 곳 아래에 겹쳐 있는 잎을 딴다. 얼핏 보기에는 너무 휑해 보일 수 있지만, 피망은 그 정도로 바람이 잘 통해야 잘 자란다.

또한 피망은 땅의 온기가 필요한 작물이므로 가지와 마찬가지로 주위에 풀을 덮어 이랑의 온도가 떨어지지 않게 한다. 이렇게 풀을 덮으면 온도를 어느 정도 유지할 수 있을 뿐만 아니라 수분이 증발하는 것을 막고 자외선도 차단할 수 있다. 또한 주위에 덮은 풀이 분해되면서 작물에 미네랄을 공급하므로 일석삼조를 넘어 일석사조의 효과를 거둘 수 있다.

　피망도 토마토나 가지처럼 가짓과 식물이므로 공영 식물 또한 다른 두 작물의 공영 식물과 거의 비슷하다. 십자화과 식물인 파를 함께 심어 질병을 예방하고, 국화과 식물인 쑥갓을 심어 벌레를 쫓는다. 콩과 식물 중에는 키가 작은 왜성 강낭콩을 심고, 지피 식물로는 십자화과 식물인 루콜라를 사용한다. 피망을 심을 때 반드시 이러한 조합대로 심어야 하는 것은 아니다. 피망과 함께 먹고 싶은 채소, 함께 먹으면 잘 어울릴 것 같은 채소를 심는다고 생각하면 대부분 잘 들어맞는다.

오이

오이가 키우기 힘든 작물은 아니다. 하지만 모종을 어떻게 키우느냐에 따라 이후의 성장에 큰 차이를 보인다. 3월에 모종을 키우기 시작해 5월에는 밭이나 플랜터에 옮겨 심는 것이 좋다.

오이도 어느 정도 땅의 온기가 필요하고 건조한 환경을 싫어하므로 밭에 심을 때는 주위에 풀을 덮어 온도와 습도를 어느 정도 유지해야 한다. 또한 공영 식물을 심어 흙이 그대로 드러나지 않게 해야 한다. 예를 들어 비름 씨앗을 이랑이나 플랜터에 뿌려 흙을 보호하는 것이다. 밭에 쇠비름이 돋아 있다면 그것을 이용해도 된다. 차이브 같은 부추아과 작물은 병원균으로부터 흙을 보호한다.

오이를 밭에 심을 때는 파를 함께 심어도 된다. 이 밖에도 해충 방지를 위해 쑥갓 씨앗을 뿌려둔다. 봄여름 쑥갓은 성장이 빠르지 않으므로 벌레를 쫓을 목적으로 심기 적당하다. 오이의 성장을 도울 수 있도록 강낭콩을 함께 심기도 한다. 덩굴을 감으면서 자라는 강낭콩은 오이 뿌리에 감겨 올라

🌿 오이의 공영 식물

함께 심으면 좋은 채소
- 차이브
- 쑥갓
- 강낭콩
- 비름

가도록 두면 된다.

오이를 키울 때 가지치기를 하라고 여러 책에 쓰여 있지만, 이를 지나치게 많이 하면 힘이 없어지므로 주의한다. 오이는 자라면서 가지가 구부러지는데, 이렇게 구부러지는 곳을 마디라고 한다. 이 마디에서 아들줄기가 뻗어 자란다. 가짓과 식물의 곁순과 마찬가지다. 두 번째 마디까지는 아들줄기를 자라게 하면 열매가 제대로 맺히지 않으므로 미리 제거한다. 세 번째 마디부터는 그대로 자라게 둔다. 열매가 잘 맺히지 않는 아들줄기는 상황에 따라 잘라버릴 때도 있는데, 아들줄기를 자를 때에도 뿌리 쪽에 가까이 있는 잎은 두 장 남겨두기 바란다.

일반적으로 비료를 쓰지 않고 오이를 키우면 첫 번째 마디에서 암꽃이 세 송이 정도 핀다. 그만큼 오이가 열리는 것이다. 이렇게 열린 오이를 전부 키우면 오이를 많이 수확할 수 있겠지만, 오이가 제대로 성장하지 않을 때에는 초기에 1~2개를 잘라내야 한다. 남겨두면 다른 열매마저 제대로 자라지 않는다.

오이는 수분되지 않아도 열매가 열리지만, 그렇게 생긴 열매는 씨가 없어 맛도 없고 모양도 좋지 못하다. 그러므로 오이를 키우는 이랑 곳곳에 눈에 띄는 노란색 꽃을 심어 수분용 곤충을 유인하려는 노력을 해야 한다. 수분이 되지 않으면 암꽃이 자라지 않고 져버리기도 한다.

감자

감자는 마른 흙을 좋아하므로 반드시 배수가 잘되는 곳에 심어야 한다. 감자는 씨감자 하나에서 싹이 6~7개나 나온다. 씨감자를 그대로 심어 싹이 많이 나버리면 감자가 땅 위에서 열매를 맺으려고 해서 땅속의 열매가 늘어나지 않는다. 감자는 씨와 열매 모두 늘어나는 성질이 있기 때문이다. 그러므로 감자를 반으로 잘라 심어 싹의 수를 줄이거나 네 번째 이후에 나는 싹을 전부 제거하는 순지르기를 한다.

감자를 반으로 잘랐을 때는 단면을 말린다. 곧바로 심고 싶을 때는 단면에 식초를 발라 심는다. 초목회를 바르는 방법이 많이 쓰이는 듯하지만, 초목회는 강한 알칼리성이다. 감자는 알칼리성 물질과 접촉하면 병에 걸리기 쉬우므로 이 방법은 피하는 것이 좋다.

감자를 심을 때는 기는줄기라 불리는 부분을 찾는다. 감자에서 조금 움푹 들어간 부분으로 원래 뿌리와 이어져 있던 부분이다. 이 부분이 있는 씨감자는 여기에서 자란 싹이 워낙 강해 다른 싹의 성장을 방해하므로 기는

🥔 감자 재배 포인트

기는줄기(뿌리와 이어져 있던 부분)가 아래를 향하게
심는다.

- 본잎이 5장 정도 나오면 밭에 옮겨 심는다.

- 보통 기는줄기 쪽은 잘라내지만, 무비료 재배에서는
  기는줄기 쪽을 사용한다.

- 살균을 할 때는 초목회가 아니라 물에 희석한 식초를
  사용한다.

땅 온도가 낮으면 잘 자라지 못하므로 주의한다.

점토질 토양에서도 자라기는 하지만 배수가 중요하다.

- 흙을 30센티미터 판 다음, 아래에 있는 경반층을 삽으로 골고루 찔러 흙을 부드럽게 한다.

- 여기에 낙엽이나 부엽토를 넣고 다시 흙을 덮어 이랑을 만든 다음 15센티미터 정도 파서 심
  는다.

싹이 씨감자 하나에서 4개 이상 나왔을 경우에는 약한 싹을 제거한다.

땅 온도가 떨어지지 않도록 풀을 덮는다.

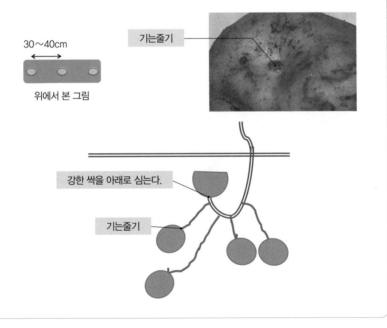

30~40cm

위에서 본 그림

기는줄기

강한 싹을 아래로 심는다.

기는줄기

줄기가 아래를 향하도록 심는다. 그러면 강한 싹이 일단 아래로 한 번 뻗어 나갔다가 방향을 바꿔 다시 땅 위로 향하므로, 힘이 약해질 뿐만 아니라 줄기도 길어져 감자가 더 많이 열릴 수 있다. 만약 네 번째 싹이 나오면 순지르기를 해서 3개로 줄이는 것이 좋다. 그래야 알이 굵은 감자가 더 많이 열린다.

땅의 온도가 낮으면 성장에 좋지 않으므로 감자 이랑은 반드시 풀을 덮어 온도를 어느 정도 유지한다. 경반층이 있으면 뿌리가 제대로 뻗어나가지 못하니 경반층이 20센티미터 정도 나와 있는 밭은 삽이나 기계를 이용해 미리 흙을 부순다.

감자는 큰이십팔점박이무당벌레가 잎을 먹어버릴 때가 많다. 한번 먹히기 시작하면 순식간에 피해가 커지지만, 잎을 먹히면 감자가 굵어지므로 당황할 필요는 없다. 영양 성장에서 생식 성장으로 바뀌는 시기인 것이다. 벌레를 발견하면 제거하는 정도로만 대처해도 충분하다.

콩(대두)

콩은 공영 식물로 많이 쓰는 작물이다. 공기 중의 질소를 고정하는 뿌리혹박테리아와 공생 관계여서 메마른 흙에 키우면 특히 큰 효과를 볼 수 있다.

콩만 단독으로 재배할 때는 가급적 질소 성분이 적은 토양에서 재배한다. 질소를 고정하는 뿌리혹박테리아와 공생 관계인 콩을 질소가 너무 많은 토양에서 키우면 키를 자라게 하는 영양 성장이 지나치게 활발해 씨를 맺는 생식 성장을 하지 않기 때문이다. 따라서 질소가 적은 토양이 좋다. 그러나 토양에 인이나 칼륨 등 다른 성분이 부족한 것 또한 좋지 않으므로 무조건 메마른 토양이 좋다는 뜻은 아니다.

질소가 많은지 적은지는 토양에 나 있는 잡초의 색이나 크기로 판단한다. 잡초의 색이 짙고 잎이 큰 잡초가 나 있는 곳보다는 잎의 색이 연하고 작은 잎이 돋아 있는 풀이 많은 토양이 콩 재배에 더 적합하다. 옛날 사람들은 제방에서 작물을 많이 키웠다. 제방에는 그런 조건에 부합하는 볏과 식물이 많이 나 있다.

콩 재배 포인트

질소 성분이 적은 곳에 심는다.
- 채소가 잘 자라지 않는 곳에는 콩을 먼저 키워본다.
- 비옥한 토양은 땅을 갈아서 미생물의 활동을 일단 멈춘다.

이랑 사이의 풀은 부지런히 벤다.
- 콩은 그늘에 심으면 키가 커지고, 잎과 줄기만 무성할 뿐 열매를 맺지 못하는 경우가 많으므로 풀베기와 북주기(작물의 뿌리나 밑줄기를 흙으로 덮어주는 것)가 필요하다.

잎이 너무 커지면 순지르기를 한다.
- 잎과 줄기만 자라고 열매를 맺지 못하는 것을 방지한다.

잎이 지면 수확한다.
- 햇볕을 충분히 받지 못했거나 벌레가 있으면 잎이 떨어지지 않는다.
- 잎을 손으로 딴다.

콩은 장해에 강한 식물이다.

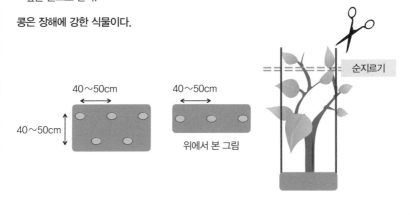

40～50cm

40～50cm

40～50cm

위에서 본 그림

순지르기

콩은 한 번에 두세 알씩 뿌린다. 한 알만 뿌리면 줄기가 두꺼워져 열매가 잘 맺히지 않는다. 또한 콩은 평평한 낮은이랑에 심는 경우가 많다. 콩을 뿌리기 전에 스무 배 정도로 희석한 식초에 담그면 질병을 예방할 수 있다.

콩은 표면적이 넓으므로 그만큼 토양 병원균에 전염되기가 쉽기 때문이다.

콩은 한 줄에 맞춰 나란히 뿌리는 줄뿌림을 한다. 또한 콩은 태풍이 지나는 시기에 몸이 무거워 쓰러지기 쉬우므로 밑줄기를 더욱 두껍게 덮어주는 북주기를 한다. 사람이나 관리기가 들어가 작업하기 편하도록 심을 때는 줄기의 간격을 80센티미터 이상 벌린다.

재배를 하다가 만약 줄기가 90센티미터 이상 자라면 더 자라지 않게 생장점을 자르는 순지르기를 한다. 순지르기를 해야 비로소 콩이 열린다. 콩은 옆에 다른 풀이 자라면 경쟁하려는 성질이 있다. 그러니 주변에 나 있는 풀은 전부 자르는 것이 좋다. 또한 쓰러지지 않도록 괭이로 뿌리 주변에 흙을 쌓는다.

수확할 시기가 되면 잎이 노랗게 변한다. 벌레가 있거나 병에 걸렸을 때는 잎이 떨어지지 않으므로 인위적으로 잎을 떨어뜨려 콩이 빨리 여물게 한다.

양배추

양배추를 무비료로 재배하면 나비 애벌레에 먹혀 제대로 결구(잎이 여러 겹으로 겹쳐져 둥글게 말리는 것-옮긴이)하지 못한 채 끝난다는 선입견이 있지만, 잘 키우기만 하면 벌레에 많이 먹히지도 않고 제대로 결구한 양배추를 수확할 수 있다. 중요한 포인트가 몇 가지 있는데, 첫 번째는 모종을 만드는 일과 이를 밭이나 플랜터에 옮겨 심는 시기를 정확히 지키는 일이다. 이 시기를 놓쳐버리면 양배추가 결구하지 않는다. 보통 7월에 모종을 만들어 8월 중순에서 9월 초에 옮겨 심는다.

양배추가 결구하는 원리를 이해하기 쉽게 살펴보자. 원래 양배추의 중심은 꽃을 피우고 씨를 맺는 매우 중요한 부분이다. 따뜻한 시기에 양배추 모종을 밭에 심으면 꽃을 피우기 위해 중심부가 자라난다. 하지만 8월 중순에서 9월 초가 되면 기온이 서서히 떨어지므로 양배추는 중심부를 보호하려고 안쪽에 난 잎을 말기 시작한다. 그런데 밭에 심는 시기가 늦어지면 기온이 이미 낮아져 있으므로 양배추가 꽃을 피우지 않고 오히려 잎을 넓게

🍃 양배추의 공영 식물

함께 심는 채소
- 잎상추
- 시금치
- 쑥갓

펴서 땅을 덮는 듯한 형태를 이룬다. 이는 식물이 겨울을 나는 방법 중 하나로, 이렇게 잎이 퍼진 모양이 장미꽃을 닮았다 하여 로제트(Rosette) 현상이라고 한다. 이 로제트 현상 때문에 양배추는 결구하지 않는다.

또한 양배추는 나비 애벌레가 올 것을 대비해 겉잎을 활짝 펼치고, 애벌레가 겉잎을 먹게 내버려 뒀다가 애벌레의 배설물에서 인을 보충한다. 즉 양배추에 애벌레가 꼬이는 것은 매우 자연스러운 일이다. 네 번째 장에서 설명한 것처럼, 겉잎에 달린 애벌레는 신경 쓰지 말고 중심부에 들어온 애벌레만 제거한다. 겉잎에 달린 애벌레는 시간이 지나면 알과 함께 사라져 버린다. 그러면 비록 겉잎이 벌레에 먹힐지라도 양배추의 중심부는 번듯하게 자란다.

양배추의 공영 식물로는 시금치를 추천한다. 이때 시금치는 어디까지나 조연에 불과하므로 풍성하게 자라지는 않지만, 양배추 주변에서 지피 식물처럼 작게 성장해준다. 벌레를 쫓는 데는 쑥갓이 효과적이다. 쑥갓은 쑥쑥 자라나 양배추를 감싸듯이 보호한다.

상추도 함께 심으면 좋다. 상추는 국화과 식물이라 벌레도 잘 먹지 않는다. 게다가 상추는 일조량이 많으면 꽃을 피우려고 쓴맛을 내는 경향이 있는데, 양배추와 함께 심으면 양배추 겉잎에 가려져 햇볕을 잘 받지 못하므로 쓴맛도 나지 않는다. 이 밖에도 파를 함께 심어두면 좋다. 플랜터든 밭이든 함께 심으면 좋은 공영 식물의 종류는 동일하다.

브로콜리

브로콜리도 양배추와 비슷하다. 차이가 있다면 양배추에 비해 첫 번째 본잎이 나올 때까지 줄기가 길게 자란다는 점이다. 이 부분이 땅 위에 노출되면 쉽게 꺾이거나 쓰러지므로 첫 번째 본잎 주변까지는 흙 속에 묻어준다. 모종을 심을 때는 살짝 기울인 상태로 깊이 심는다. 모종을 심은 자리에도 뿌리가 나므로 모종이 흔들리지 않고 안정된다.

모종 뿌리가 모종 포트 안에서 엉켜버리면 밭에 심었을 때 뿌리를 잘 내리지 못하므로 엉킨 뿌리를 풀고 갈색으로 변한 뿌리는 제거한다. 그러면 뿌리가 새로 나와 흙에 쉽게 뿌리를 내릴 수 있다.

브로콜리는 꽃눈이 피는 곳을 큰 잎으로 보호한다. 이렇게 처음 난 잎이 벌레에 먹혀버리면 잎이 추위를 제대로 막지 못해 꽃눈이 핀 중심부가 제대로 성장하지 않으므로 초기 단계에서는 한랭사를 씌워 벌레가 꼬이는 것을 막는 것이 좋다. 브로콜리가 자란 뒤에는 한랭사를 걷어도 괜찮지만, 새가 잎을 먹어버리는 경우도 있으므로 걷어내기 전에 주위를 잘 살피는 것

🌿 브로콜리의 공영 식물

함께 심는 채소
- 이탈리안 파슬리
- 마늘
- 양상추

이 좋다.

브로콜리는 같은 십자화과 채소를 함께 심어 지피 식물로 이용하면 좋다. 십자화과 채소는 다른 채소와 경쟁하려는 성질이 있어 소송채나 루콜라 같은 채소를 함께 심으면 브로콜리의 성장을 촉진한다.

이탈리안 파슬리 같은 미나리과 식물이나 쑥갓 같은 국화과 식물을 심으면 벌레를 쫓아내는 효과가 있다. 이탈리안 파슬리나 쑥갓의 씨앗을 브로콜리 주변에 감싸듯이 뿌려 키운다. 마찬가지로 국화과 식물인 양상추를 함께 심어도 좋다. 양상추가 아닌 잎상추를 심어도 된다. 브로콜리의 잎에 양상추가 가려지도록 심으면 쓴맛 없이 맛있는 양상추가 자란다. 파를 함께 심어주는 것도 추천한다. 파는 토양을 살균해 각종 질병이나 연쇄적인 피해를 막는다.

브로콜리는 나비 애벌레에 먹힐 때가 많으므로 개구리가 사는 물가 주변의 밭에서 재배하는 것이 좋다. 그러면 개구리가 애벌레를 잡아먹는다. 애벌레는 전부 죽이려고 하지 말고 중심부 부근에 보이는 애벌레만 제거하기 바란다. 애벌레를 전멸시키기가 쉽지 않은데다 애벌레 또한 주어진 역할이 있으므로 브로콜리가 어느 정도 자란 뒤에는 겉잎에 보이는 애벌레를 내버려 두는 것이 오히려 이롭다.

순무

순무는 매우 키우기 쉬운 채소다. 발아율이 높고 실패할 일도 적다. 그러나 사소한 이유로 재배에 실패하는 경우가 있으므로 주의사항을 몇 가지 적어 두려고 한다.

우선 씨앗은 세 개씩 뿌린다. 씨앗 세 개가 한꺼번에 자라지 않고 순서대로 자라므로 수확 시기를 조금씩 차이 나게 할 수 있다. 또한 순무는 씨를 얕게 심어야 한다. 순무는 땅 위로 얼굴을 내밀고 자라는 채소이므로 깊이 심으면 제대로 자라지 못한다.

순무는 단독으로 심지 않는 것이 좋다. 순무와 잘 어울리는 채소는 같은 십자화과 식물인 소송채다. 순무 주변에 소송채 씨앗을 뿌려두면 서로 경쟁하면서 성장을 돕는다. 단, 소송채가 크게 자랄 때까지 기다려서는 안 된다. 이 밭의 주역은 어디까지나 순무이므로 소송채는 작게 자랐을 때 바로 수확한다.

그 주위에는 당근 씨앗을 뿌려두는 게 좋다. 시기적으로도 알맞고, 당근

🍃 순무의 공영 식물

함께 심는 채소
- 소송채를 비롯한 십자화과 채소
- 당근(주위에)

의 향이 벌레를 쫓아주므로 순무 잎을 지켜준다.

순무는 콩과 식물과 함께 심는 일이 거의 없지만, 궁합이 잘 맞지 않는 콩도 딱히 없으므로 완두콩을 함께 심어도 된다. 단, 콩이 너무 자라면 순무에 그늘이 지므로 주의하자. 파 또한 함께 심어도 괜찮은 공영 식물이다.

순무는 질소를 잎으로 보내는 식물이므로 흙 속에 질소가 부족하면 금세 잎이 노랗게 변한다. 아래쪽 잎이 노랗게 변했을 때는 제거한다. 그러나 잎 전체가 노랗게 변했을 경우에는 잎이 있어도 아무런 도움이 되지 않는다. 오히려 노랗게 변한 잎 때문에 벌레가 꼬이거나 바람이 잘 통하지 않을 수 있으며, 질병에도 취약하므로 주의하기 바란다.

순무는 마른 흙을 싫어하므로 흙이 그대로 드러난 부분이 있으면 마른 풀을 깔아 온도와 습도를 어느 정도 유지하는 것이 좋다. 순무가 겨울 채소이기는 하지만 땅의 온도가 심하게 내려가면 제대로 자라지 않을 수 있다.

순무는 크게 자란 것부터 먼저 수확해 솎아내는 것이 좋다. 큰 것을 수확해야 중간 크기였던 것이 크게 자란다. 그것을 또 수확하면 처음에 제일 작았던 것이 크게 자란다.

참고로 순무 표면에 벌레가 흠집을 낼 때가 있다. 맛에는 영향을 끼치지 않지만, 순무 주변에 풀을 가급적 많이 둬서 벌레가 풀 밑에 숨어 있게 하는 것이 좋다.

작물 재배 요점 정리

공영 식물 이해하기

• 함께 심으면 주로 키우는 작물에 도움이 되는 식물을 공영 식물이라고 한다.

• 두 작물을 똑같은 비중으로 키우기는 어려우며 주연과 조연을 구분하는 것이 좋다.

• 공영 식물을 고르는 법은 정해져 있지 않다. → 대체로 같이 먹으면 잘 어울리는 채소가 함께 키우기
  도 좋다.

• 지피 식물은 맨땅이 드러나지 않도록 토양을 덮어 흙을 보호하는 식물이다.

공영 식물의 과별 특성

• 수선화과 식물은 질병을 일으키는 균을 억제해준다.

– 파, 마늘, 부추 등

• 국화과, 미나리과, 차조기과 식물은 벌레가 증식하는 것을 막아준다.

– 파슬리, 당근, 쑥갓, 상추 등

• 십자화과 식물은 이랑을 보호해준다.

– 소송채, 루콜라 등

• 콩과 식물은 흙에 질소를 공급해준다.

– 강낭콩

플랜터 재배

플랜터로 무비료 재배를 하는 방법

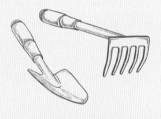

집에서 흙을
만드는 방법

이번에는 플랜터에 사용할 흙을 만드는 방법을 설명한다. 우선 대형 마트에서 비료가 들어간 흙을 사 오는 것은 가장 좋지 않은 방법이다. 비료가 든 흙을 사용하면 확실히 식물이 잘 자라지만, 비료는 1년밖에 쓸 수 없으므로 이듬해에는 그 흙에서 작물을 키울 수 없다. 또한 흙에 유기물이 들어 있지 않아 흙을 되살릴 수도 없다. 따로 흙에 유기물과 미생물을 추가해주는 방법도 있지만, 되도록이면 처음부터 비료가 들어 있지 않은 흙을 사용하는 것이 흙 상태를 조절하기 쉽다.

흙을 직접 만들어 쓰기로 결정했다면, 우선 비료를 쓰지 않은 밭의 흙을 구해야 한다. 하지만 그런 흙을 구한다는 것 자체가 쉬운 일은 아니다. 도시에 사는 사람에게는 거의 불가능한 일이므로 이런 흙을 구하지 못한 사람은 대형 마트나 인터넷에서 흑토(黑土)를 구입하기 바란다. 비료가 전혀 들어가지 않았다고는 장담할 수 없지만, 일반적으로 판매하는 재배용 흙보다는 적게 들어 있다.

하지만 흑토만 사용하면 물을 줄 때마다 흙에서 미네랄이 조금씩 빠져나가 흙이 굳는다. 그래서 보수성과 배수성, 물리성을 좋게 하기 위해 흑토에 몇 가지 흙을 더 섞는다.

우선 녹소토(화산토의 일종으로 누런색을 띤다.)나 적옥토(일본에 많은 흙으로 붉은색을 띤다.)가 필요하다. 알이 작아도 괜찮다. 녹소토나 적옥토는 흑토보다 알이 굵기 때문에 배수성과 보수성을 확보할 수 있다. 흑토에서 빠져나간 미네랄도 적옥토에 쌓인다. 여기에 버미큘라이트(질석)를 섞는다. 버미큘라이트는 부석 같은 것으로, 이것을 넣으면 흙이 서로 달라붙지 않는다. 즉, 틈이 생기므로 공기층이 형성되어 호기성 미생물이 쉽게 자리 잡는다. 이러한 미생물은 유기물을 분해하는 미생물이다.

여기에 유기물인 피트모스와 부엽토를 더한다. 피트모스는 이끼가 탄화한 흙으로, 미네랄이 풍부하다. 지구상의 모든 식물은 이끼에서 시작했다

🌿 **플랜터용 흙의 배합**

흙(50%)

녹소토(10%)

적옥토(10%)

버미큘라이트(5%)

피트모스(10%)

부엽토(10%)

초목회 또는 왕겨숯(5%)

는 말이 있을 정도로 영양분을 많이 지니고 있는 생물이 이끼다. 부엽토는 미생물의 먹이다. 피트모스는 강한 산성을 띠므로 이를 중화하기 위해 알 칼리성 초목회 또는 왕겨숯을 넣는다. 이 또한 미네랄이므로 초기에 필요 한 영양분은 충분히 들어간다. 왕겨숯에서 나오는 초음파는 미생물에서 나 오는 초음파와 파장이 비슷하므로 미생물이 자리를 잡는 데 도움을 준다. 이렇게 하면 기본 토양이 만들어진다.

플랜터에 흙 담기

그럼 이제 기본 토양을 플랜터 안에 어떤 식으로 넣어야 하는지 알아보자. 일반적으로는 배수성과 통기성을 좋게 하기 위해 바닥에 자갈을 깔지만, 자갈을 넣지 않는 방법도 고려해볼 만하다. 자갈을 넣는 이유는 바닥에 물이 고이면 뿌리가 썩기 때문인데, 식물은 원래 아래부터 물을 빨아들이기 때문에 물이 밑에 있어야 한다. 그런데 자갈을 깔면 밑에 물이 없어 매일 물을 줘야 한다.

　나는 플랜터 바닥에 밭이나 정원의 흙 또는 앞서 소개한 흑토를 깐다. 즉, 물에 젖으면 점토질이 되는 흙을 까는 것이다. 자연 상태에서는 흙을 파다 보면 점토질 토양을 맞닥뜨리게 된다. 점토질 흙이 있기 때문에 자연에서는 따로 물을 주지 않아도 식물이 살 수 있는 것이다. 이러한 자연의 구조를 플랜터에 고스란히 옮긴다고 생각하면 된다. 두께는 5센티미터 정도면 충분하다. 단, 이 부분에 물이 고이므로 플랜터 밑에 벽돌을 받쳐 바닥에서 어느 정도 띄워놓는다. 바닥 아래로 바람이 지나게 해야 물의 온도가 올라

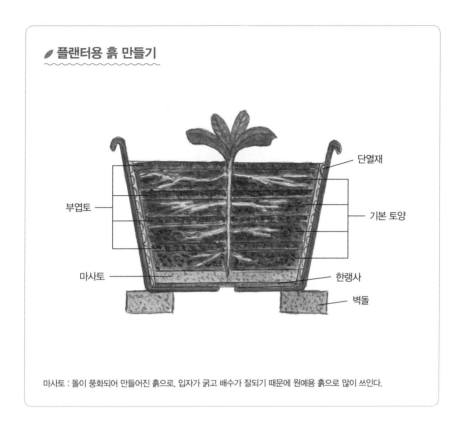

플랜터용 흙 만들기

단열재

부엽토

기본 토양

마사토

한랭사

벽돌

마사토 : 돌이 풍화되어 만들어진 흙으로, 입자가 굵고 배수가 잘되기 때문에 원예용 흙으로 많이 쓰인다.

가지 않고 뿌리가 썩는 것을 막을 수 있다. 뿌리가 썩는 것은 물 온도가 상승하기 때문이다. 이렇게 화분을 바닥에서 띄워 통풍을 좋게 하면 원뿌리가 물을 흡수할 수 있다.

그다음으로 기본 토양을 붓는다. 흙을 부을 때 한 번에 붓지 않고 나눠 담는다. 그리고 사이사이에 부엽토를 깐다. 유기물의 먹이인 부엽토를 플랜터 안에 골고루 분산하기 위해서다. 이렇게 하면 곁뿌리가 영양분과 미생물을 찾아 사방으로 뻗어나가고 곁뿌리가 늘어나는 효과가 있다. 처음부터 기본 토양과 섞어서 담으면 부엽토와 흙의 비중이 다르므로 부엽토가 어느 한 곳에 몰릴 가능성이 있다. 흙과 흙 사이에 나눠 넣는 방법을 사용하기 바란다.

흙의 맨 윗부분은 부엽토로 마무리한다. 처음에는 아무것도 자라지 않으므로 흙이 그대로 드러나는데, 이대로 두면 수분이 증발하기 쉬우며 자외선의 영향을 받는다. 그러므로 흙 표면을 부엽토로 덮어 토양을 보호하는 것이 좋다. 단, 흙 표면을 부엽토로 덮는 작업은 씨뿌리기를 모두 끝낸 다음에 하는 것이 좋다.

참고로 플랜터는 플라스틱 제품보다 목재나 테라 코타(점토 초벌구이)로 된 제품을 사용하는 것이 좋다. 외부 온도가 플랜터 내부의 흙에 영향을 적게 미치며, 플랜터 자체가 숨을 쉴 수 있기 때문이다. 플라스틱 제품을 사용할 경우에는 단열재를 겉에 두르거나 안쪽에 까는 것이 좋다.

미생물 보호하기

앞서 준비한 플랜터에 모종이나 씨앗을 심고 마지막으로 부엽토를 덮으면 모든 작업이 끝난다. 하지만 이때부터 관리가 중요하다. 관리할 때 알아둬야 할 중요한 점 몇 가지를 소개하겠다.

흙 속에는 유기물이 존재한다. 미생물은 이러한 유기물을 분해해 식물이 흙 속에 있는 원소를 사용했을 때 이를 보충할 수 있게 한다. 따라서 작물을 키울 때는 작물에 원소를 공급해주는 미생물을 보호하는 일이 매우 중요하다.

미생물은 땅 온도가 섭씨 15~35도 정도인 환경에서 활동한다. 기온이 그보다 높거나 낮으면 활동성이 떨어져 사멸해버린다. 따라서 땅의 온도를 일정하게 유지하는 것이 중요하다. 예를 들어 한여름에는 햇볕이 강하게 내리쬐므로 이를 차단하지 않으면 열이 심하게 올라간다. 따라서 플랜터를 놓은 곳만이라도 가림막을 설치해 식물을 빛과 바람으로부터 보호해야 한다. 물론 작물이 잘 자라려면 빛이 필요하므로 플랜터의 아랫부분만 가리는 것이 좋다. 갈대발이나 흔히 뽁뽁이라고 불리는 비닐 에어캡 또는 스티로폼을 사용해도 된다.

앞에서 설명한 것처럼 베란다 같은 곳에 둘 때는 플랜터에 벽돌을 받쳐둔다. 콘크리트 바닥은 쉽게 뜨거워지거나 차가워지므로 통풍이 잘되도록 벽돌을 받쳐둬야 바닥의 열기나 냉기로부터 작물을 보호할 수 있으며, 뿌리가 잘 썩지 않는 효과도 있다.

또한 흙 표면이 그대로 드러나 있지 않게 주의하자. 흙에 부엽토를 덮고 지피 식물을 심으면 흙을 자연스럽게 보호할 수 있다. 이 또한 자연에서 배운 방법이니 부작용을 걱정할 필요가 없다.

잊지 말아야 할 것이 한 가지 더 있다. 바로 물이다. 작물을 키울 때 수돗

🌱 미생물 보호하기

땅의 온도는 20도 이상으로 만든다.　　　　냉기 및 열기로부터 보호한다.

흙은 늘 촉촉한 상태를 유지한다.　　　　　물은 미리 받아둔다.

흙 표면을 보호한다.

열방사를 차단한다.

흙 표면이 그대로 드러나지 않게 한다.

직사광선을 차단한다.

물을 사용하는 사람이 많은데, 수돗물에는 염소가 들어 있어 흙 속에 있는 미네랄이 빠져나간다. 가급적이면 수돗물이 아닌 정수된 물을 사용하는 것이 좋다. 가장 좋은 것은 빗물이다. 아니면 눈 녹은 물처럼 흐르는 물도 괜찮다. 이러한 물에는 미네랄이 함유되어 있어 흙 속에 있던 미네랄이 물에 씻겨 나가도 다시 보충할 수 있다. 쓸 수 있는 물이 수돗물밖에 없을 때는 물을 전날 미리 받아둔 다음, 여기에 미네랄이 함유된 소금(정제염이 아닌 천일염)이나 초목회를 한 자밤 풀어뒀다가 사용한다. 미네랄을 공급해 미생물을 보호해야 한다는 사실을 부디 잊지 말기 바란다.

흙 재생하기

마지막으로 플랜터에 사용한 흙을 재생하는 방법을 알아보자. 플랜터라 하더라도 작물을 계속해서 키우면 흙이 메마르는 일이 거의 없지만, 끊임없이 재배를 하기가 쉽지는 않다. 중간에 비는 기간이 생기거나 작물 재배에 실패하는 등 여러 이유로 흙이 메마를 때가 있다. 이는 어쩔 도리가 없다. 땅에 있는 흙을 인위적으로 퍼내어 사용했으므로 그런 일이 종종 일어나기 마련이다. 그럴 때 흙을 재생하는 방법을 알아보자.

우선 채소를 전부 수확한다. 하나도 남기지 않고 전부 따야 한다. 원뿌리는 뽑고, 곁뿌리는 흙 속에 남겨둔다. 특히 뿌리털에는 미생물이 많으므로 잘게 찢어 흙으로 돌려보낸다. 초록색 풀은 남기지 말고 전부 제거한다.

이러한 상태에서 흙을 일단 퍼내거나, 플랜터 안에 둔 채 골고루 섞는다. 안에 든 부엽토나 곁뿌리가 골고루 퍼지도록 섞는다. 여기에 부엽토를 넣는다. 양은 흙 전체 분량의 10% 정도가 적당하다. 부엽토를 넣고 잘 섞은 다음 쌀겨, 깻묵, 왕겨숯을 다시 넣고 섞는다. 이들은 흙 전체 분량의 2~3%

정도만 넣는다. 흙을 골고루 섞은 다음 흙이 바닥까지 촉촉해질 정도로 물을 뿌리고 섞는다. 그리고 플랜트에 두꺼운 투명 비닐을 씌운 다음 그대로 3주 정도 둔다. 일주일마다 흙을 두세 번 정도 가볍게 섞어주면 흙이 더 빠르게 재생한다.

이렇게 두면 처음에는 곰팡이 같은 흰색 균이 나온다. 이 균은 사상균으로, 문제될 것이 없다. 3주 정도가 지나 흰색 균이 사라지면 흙을 재생시키는 작업이 모두 끝난다. 다시 그 흙을 퍼내어 플랜터에 붓고, 앞에서 한 것처럼 사이사이에 부엽토를 깔면서 플랜터를 완성한다.

만약 플랜터를 한동안 사용하지 않을 계획이라고 해도 아무 씨앗이나 뿌려놓는 것이 좋다. 흙을 쓰지 않고 그대로 방치해두면 메말라서 미생물이 사멸해버린다. 녹비 작물이어도 괜찮으니 씨를 뿌려두자. 인터넷에서도 저렴하게 토끼풀(클로버)이나 벳지의 씨앗을 구입할 수 있다. 참고로 밭은 이런 작업을 하지 않는다. 이러한 일을 잡초가 다 해주기 때문이다. 이것이 잡초의 가장 중요한 역할이다.

🌿 흙 재생하기

자연 재배를 한 플랜터는 흙을 재생시켜 다시 사용할 수 있다.
- 작물을 전부 수확한 다음, 원뿌리는 뽑고 곁뿌리와 뿌리털은 흙에 남겨둔다.
- 뿌리가 부드러워졌을 때쯤 흙을 한 번 가볍게 섞는다.
- 흙에 부엽토·쌀겨·깻묵·왕겨숯·물을 넣고 섞은 다음 비닐을 씌워 3주 후에 사용한다.
- 돌려짓기(윤작)를 하는 것이 좋다.(여름 채소·겨울 채소)
- 플랜터를 사용하지 않을 때는 토끼풀 같은 콩과 식물을 흙에 심어두는 것이 좋다.

밭은 수확 후에 따로 재생 작업을 하지 않아도 된다.
- 밭을 재생시키는 것이 잡초의 역할이다.

흙과 뿌리

플랜터와 밭 모두 기본 구조는 동일하지만, 플랜터는 자연 상태의 밭처럼 지하수가 흐르거나 유기물이 퇴적되거나 벌레가 생명 활동을 활발히 하지는 않는다. 흙만 있다고 해서 식물이 잘 자라지는 않으므로 플랜터에서는 흙을 정교하게 만드는 것이 매우 중요하다.

우선 흙을 구성하는 물질이 무엇인지 생각한다. 흙은 알루미늄이나 규소로 만들어진 알갱이에 유기물인 나무, 잎, 벌레, 동물, 미생물의 사체가 분해되어 원소화한 것이 붙어 있다. 식물이 성장하면서 이러한 원소를 소비하므로 흙을 원래 상태로 오래 유지하려면 유기물이 흙에 끊임없이 들어가야 한다. 자연에서는 이러한 유기물이 오랜 세월 동안 쌓여 층을 이룬다. 식물이 사용하는 원소는 그 가운데 일부일 뿐이지만, 그럼에도 일 년 동안 소비할 수 있을 만큼의 퇴적 유기물이 필요하다. 무비료 재배를 할 때도 이러한 퇴적 유기물을 고려해 흙을 관리하는데, 이는 플랜터를 사용할 때도 마찬가지다.

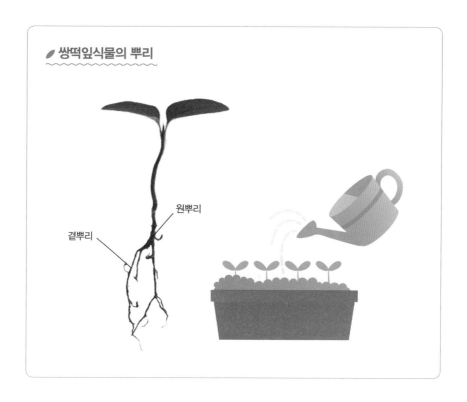

쌍떡잎식물의 뿌리

곁뿌리
원뿌리

또 뿌리가 뻗는 목적 또한 매우 중요하다. 우선 쌍떡잎식물의 뿌리는 곧 은뿌리로 원뿌리와 곁뿌리로 나눌 수 있다. 곁뿌리는 영양분을 찾아 뻗어 나간다. 토양은 깊이 30센티미터가 넘는 곳에도 퇴적된 원소가 존재하지 만, 일반적으로 식물은 깊이 30센티미터 이내에 있는 원소를 사용한다.

곁뿌리가 늘어나면 여기서 자라는 뿌리털(모세근) 또한 증가한다. 식물의 뿌리털 주변에는 근권 미생물이 있고, 식물은 뿌리털을 통해 원소를 흡수 한다. 따라서 곁뿌리가 많이 나고 흙 속에 골고루 퍼져 있어야 식물이 더 잘 성장할 수 있다.

원뿌리는 물이 있는 곳을 찾아 아래로 뻗어나간다. 즉, 식물은 '물을 밑에서부터 빨아들인다'는 것이 올바른 해석이다. 따라서 플랜터에 작물을 키울 때도 작물이 물을 밑에서부터 빨아들일 수 있도록 노력을 기울여야 한다. 흙 표면만 젖어 있어서는 안 된다. 이는 매우 중요한 점이므로 반드시 기억해두기 바란다. 이러한 사실을 알고 있으면 많은 상황에서 도움이 될 것이다.

씨앗

자연에서 배우는
채종 방법과 파종 요령

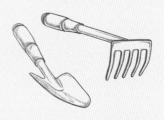

씨앗의 종류

같은 씨앗이라 해도 여러분의 손에 들어오기까지 씨앗이 거치는 과정은 저마다 다르다. 씨앗을 생산한 생산자나 유통 과정, 유통 방법에 따라 같은 씨앗도 전혀 다른 씨앗이 된다.

일반적으로 판매되는 씨앗은 대부분 '교배종'이라 불리는 씨앗으로, 여러 품종을 교배해 만든 것이다. 교배종을 만들려면 어느 정도 자금력이 필요하므로 보통 이러한 교배종은 기업이 생산하는 경우가 많다. 시중에서 판매하는 씨앗을 보면 대부분 ○○교배라고 쓰여 있는데, 그런 씨앗이 교배종에 해당한다.

교배종은 멘델의 법칙을 이용한 것으로, 서로 다른 품종을 교배해 만든 1대 잡종은 튼튼하고 품질이 일정한 특성을 지닌다. 기르기 쉽고 동일한 시기에 싹을 틔우며, 동일한 형태로 자라 동일한 시기에 수확할 수 있다. 농협 같은 기업에 납품하는 채소를 키우는 농부에게 이는 무엇보다 중요한 조건이다. 하지만 가만히 생각해보면 이는 매우 부자연스러운 일이다. 식물이 모두 같은 시기에 싹을 틔운다면 천재지변이 발생했을 때 전멸할 가능성이 높다. 게다가 교배종에서 씨를 받으면 멘델의 분리 법칙이 작용해 2대 잡종은 품질이 불안정해지고, 결국 채종을 하지 않는다. 무비료 재배에서는 씨앗을 받는 것이 기본이므로 교배종은 거의 사용하지 않는다.

한국과 일본에서는 현재 유전자 변형종을 실험용으로만 사용하도록 제한하고 있으므로 여러분이 그러한 씨앗을 구입할 일은 없을 것이다. 그러나 유전자 변형종에서 자란 곡물은 대량으로 수입되고 있다.

고정종은 인위적으로 교배한 품종이 아니라, 종묘 회사가 씨앗을 한 품종으로 고정해 이어온 것을 말한다. 고정종은 씨앗을 받아도 어느 정도 동일한 품질의 채소가 자란다. 예부터 키워온 전통 채소의 씨앗 역시 고정종에 해당하므로 무비료 재배에서는 고정종을 사용하는 경우가 많다.

재래종이란 농가가 꾸준히 채종한 씨앗을 말한다. 예전에는 재래종이 많았지만, 요즘은 농가가 직접 채종을 하는 일이 적어 그 수가 급격히 줄었다.

🌿 씨앗의 종류

교배종
- ○○교배
- 1대 교배종은 품질이 일정하지만 2대는 채종이 어렵다.

유전자 변형종
- 다국적 바이오 기업이 개발한 종자이며 특허로 보호받는다.

고정종
- 종묘 회사에서 품종이 섞이지 않도록 고정한 종자
- 재래종(농가가 꾸준히 채종한 종자)

씨앗 살펴보기

씨앗과 관련해 알아둬야 할 지식이 몇 가지 있다. 우선 땅속에 심은 씨앗은 어째서 물을 흡수해야만 싹을 틔우는 것일까. 그 이유는 씨앗에 든 아브시스산이라는 식물 호르몬 때문이다. 아브시스산은 씨앗이 일정 시기가 지나 발아 조건이 갖춰질 때까지 발아하지 않도록 하는 호르몬으로, '발아 억제 물질'이라고도 한다. 씨앗이 싹을 틔우려면 보통 씨앗을 둘러싼 여러 물질이 떨어져 나가거나 분해되어 씨앗에 수분을 공급해야 한다. 수분이 공급되어야 비로소 아브시스산이 분해되고, 뒤이어 다양한 식물 호르몬이 발아를 조절한다. 아브시스산은 동물에게는 독으로 작용한다. 즉 동물이 씨앗을 먹지 못하도록 하는 방어 호르몬이기도 하다. 동물은 씨앗을 먹으면 이를 소화하지 못하고 그대로 배설한다.

아브시스산이 분해되면 지베렐린산(gibberellic acid)이 생성된다. 지베렐린산은 '발아 촉진 물질'이라고도 불리는 식물 호르몬이다. 지베렐린산이 생성되어야 비로소 씨앗은 뿌리를 뻗는다.

작물을 재배할 때는 아브시스산이 어떤 조건에서 분해되고, 지베렐린산이 어떤 조건에서 생성되는지를 미리 알아둬야 한다. 이러한 조건의 예로 물을 들 수 있다. 씨앗이 물을 천천히 흡수하면 아브시스산이 분해되는데, 이때 토양의 온도와 공기의 유무 혹은 빛의 유무와 같은 조건을 따져 발아 여부를 결정한다.

여름 채소는 보통 땅의 온도가 섭씨 20~25도 전후일 때 발아할 준비를 한다. 온도가 너무 높거나 낮은 경우에는 싹을 틔우지 않는다. 겨울 채소는 보통 땅이 섭씨 15~20도일 때 발아한다고 알려져 있다. 물론 채소 종류에 따라 차이가 있다.

🌱 씨앗의 발아

아브시스산 : 발아 억제 물질

지베렐린산 : 발아 촉진 물질

발아에 필요한 것
- 물, 온도, 공기(산소)
- 여름 채소는 땅 온도 섭씨 25도 전후
- 겨울 채소는 땅 온도 섭씨 15~20도

빛이 필요한 씨앗과 필요하지 않은 씨앗
- 호광성 종자
- 혐광성 종자

서로 경쟁하는 작물은 씨앗을 많이 뿌리는 것이 좋다.

빛이 필요한 채소가 있고, 필요하지 않은 채소도 있다. 여기서 말하는 빛은 달빛을 말한다. 햇빛은 너무 강하기 때문에 발아하기가 쉽지 않다. 식물도 사람처럼 밤에 성장 호르몬을 주로 분비하고, 싹을 틔운다.

빛을 쬐어야 발아가 잘되는 씨앗을 호광성 종자라고 하는데, 이러한 호광성 종자는 발아할 때 달빛이 필요하므로 보름달이 가까울 무렵 얕게 뿌리면 싹을 잘 틔운다. 반대로 빛이 없는 어두운 곳에서 발아가 잘되는 씨앗을 혐광성 종자라고 하는데, 혐광성 종자는 달빛을 쬐지 않아도 싹을 틔운다. 이러한 혐광성 종자는 땅속에 조금 깊이 심는다. 또 어떤 씨앗은 많이 뿌려야 싹을 잘 틔우기도 한다. 보통 씨앗이 많이 달리는 작물인 경우가 많다.

씨앗의 형태에는
의미가 있다

여러분은 무 씨앗을 본 적이 있는가? 원래 무 씨앗은 매우 작고 끝이 뾰족한 표주박 모양의 꼬투리 안에 들어 있다. 시중에 판매되는 씨앗은 꼬투리에서 털어낸 것이므로 무 씨앗의 꼬투리는 한 번도 본 적이 없는 사람이 많을 것이다. 중요한 것은 어째서 씨앗이 그런 형태를 하고 있느냐 하는 점이다.

무 씨앗을 뿌릴 때는 흙에 구멍을 내고 그 안에 씨를 떨어뜨린 다음, 다시 흙을 덮어 누르고 물을 뿌린다. 이는 어디까지나 사람이 인위적으로 하는 방법이다. 그렇다면 자연에서는 어떤 식으로 씨를 뿌릴까. 자연 상태에서 무는 씨가 들어 있는 꼬투리를 땅에 떨어뜨린다. 그러면 꼬투리가 물을 빨아들여 젖은 스펀지와 같은 상태가 된다. 즉, 씨앗이 스펀지에 둘러싸인 상태가 되는 것이다. 이것이 자연이 씨를 뿌리는 방식이다. 땅을 파고 그 안에 씨를 떨어뜨린 다음, 흙을 덮고 뿌렸을 때와 비슷한 상황이 된다. 이처럼 씨앗의 형태에는 의미가 있다. 무 씨앗이 그런 형태를 하고 있다면 그대로 뿌리면 된다. 그만큼 수고도 덜 수 있다.

　콩을 예로 들어보자. 콩은 보통 꼬투리 하나에 알이 2개 들어 있다. 가끔 3개가 들어 있을 때도 있다. 콩은 무처럼 꼬투리가 통째로 떨어지지 않고, 꼬투리가 서서히 말라비틀어지면 콩이 밖으로 튀어나와 땅에 툭 떨어진다. 그러므로 콩은 한 곳에 두세 개씩 뿌릴 때 가장 잘 자랄 것이라고 쉽게 추측할 수 있다. 실제로 콩은 한 곳에 한 알만 심으면 줄기가 너무 두꺼워져서 열매가 잘 열리지 않는다. 2~3개씩 심어야 줄기가 딱 알맞은 굵기로 자란다.

　오이 씨앗은 열매 안에 생긴다. 오이의 수분(꽃가루받이)이 불완전하면 오이가 찌그러진 형태로 자란다. 오이 안에 씨앗이 없으면 씨앗이 없는 방향으로 구부러지거나 수축되기 때문이다. 열매채소의 모양이 좋지 않은 원인은 대부분 이처럼 수분이 불완전해 씨앗이 생기지 않기 때문이다.

🌱 씨앗 형태가 지닌 의미를 파악한다

오이
씨앗이 없으면 열매가 찌그러진다.

콩
씨앗의 수에도 의미가 있다.

무
물을 천천히 흡수하기 위해 꼬투리가 있다.

씨앗 형태에는 매우 큰 의미가 있다. 무비료 재배에서 씨를 뿌리는 작업은 이러한 씨앗 형태가 지닌 의미를 잘 생각하는 것에서부터 시작한다. 어떤 채소를 재배하든 씨를 뿌리기 전에 미리 인터넷으로 씨앗 형태와 씨앗이 맺히는 모습을 조사해두는 것이 좋다. 씨앗이 어떻게 맺히는지를 알면 뿌려야 할 씨앗의 양과 씨앗을 뿌리는 법, 씨앗을 뿌리는 시기를 예상할 수 있으므로 일일이 지침서에 의존하지 않고 유연하게 무비료 재배를 이어나갈 수 있다.

씨뿌리기(파종)

이번에는 씨앗을 뿌리는 방법을 소개한다. 씨앗을 뿌리는 방법은 작물마다 다르므로 작물별로 자세한 방법을 알려주기보다는, 몇몇 채소의 씨앗을 뿌리는 방법을 소개해 다른 작물도 어떻게 씨앗을 뿌려야 할지 예상할 수 있도록 설명하려고 한다.

먼저 씨앗을 많이 뿌리는 작물을 알아보자. 이러한 채소로는 당근, 쑥갓, 소송채, 배추 등이 있다. 어째서 이 채소들은 씨앗을 많이 뿌릴까? 가장 큰 이유는 발아를 할 때 경쟁의식이 높고, 발아율이 낮기 때문이다. 경쟁의식이 높은 작물은 당연히 한곳에 많은 씨앗을 뿌린다. 발아율이 낮은 작물은 확률이 낮은 만큼 많은 씨앗을 뿌려두는 편이 좋다. 사실 당근이나 소송채, 쑥갓은 씨앗을 많이 뿌려 어느 정도 자라게 한 다음 솎아내는 방식으로 키우는 채소다. 배추도 모종을 키울 때 씨앗을 많이 뿌린 다음 싹을 틔운 것을 포트에 옮긴다. 씨를 많이 맺는 채소는 씨앗을 뿌릴 때도 많이 뿌리는 것이다.

감자 같은 덩이줄기 채소는 나중에 열매를 캘 때 파는 깊이만큼 흙을 판 다음 씨앗을 뿌리는 것이 좋다. 덩이줄기 채소는 캐지 않으면 다시 한번 싹을 틔워 자라므로 씨앗을 심을 때 열매를 캘 때와 같은 깊이에 심는 것이 가장 바람직하다.

씨앗이 맺혔을 때 맨눈으로 확인할 수 있는 작물은 대부분 호광성 종자이므로 빛을 감지할 수 있도록 흙을 얕게 파고 그 위에 씨앗을 뿌린다. 단호박처럼 씨앗이 보이지 않는 작물은 혐광성 종자이므로 흙을 좀 더 깊이 판 다음 씨앗을 뿌린다.

씨앗을 어느 정도 깊이로 심어야 하는지는 해당 작물의 열매 크기를 보고 판단할 수 있다. 단호박은 수분이 빠져나가 바싹 말랐을 때의 크기를 보고 판단한다. 대략 씨앗 크기의 세 배 정도로 보면 된다.

이처럼 씨가 맺힌 모습을 보고 해당 작물의 씨를 뿌리는 방법을 어느 정

🌿 씨앗을 보고 씨를 뿌린다

- 씨가 많이 맺히는 채소는 씨를 많이 뿌린다. 무, 당근, 소송채 등이 있다.
- 덩이줄기 채소는 수확 상태에 맞춘다.(열매가 심어져 있는 깊이) 감자, 토란 등이 있다.
- 열매 안에 씨를 맺는 채소는 씨를 심을 때 흙을 깊이 판다. 단호박, 오이 등이 있다.
- 씨를 맨눈으로 확인할 수 있는 채소는 씨를 심을 때 흙을 얕게 판다.

도 예상할 수 있다. 이러한 예상은 크게 빗나가는 일이 없으므로 지침서를 보는 것보다 작물을 관찰하는 것이 더 중요하다.

　참고로 씨를 뿌릴 때 간격을 어느 정도로 할지는 작물이 다 자랐을 때의 크기를 보면 대충 예상할 수 있다. 채소가 다 자랐을 때 옆에 심은 채소와 잎이 닿을 정도로 간격을 벌린다고 생각하면 대충 맞는다. 즉, 채소의 씨앗과 자라난 모습을 보면 어떻게 씨를 뿌려야 할지 알 수 있다. 결국 씨를 뿌려 채소를 키우고 수확까지 모두 끝낸 다음, 씨를 받는 일까지 모두 경험해 보는 것이 중요하다.

열매채소의 채종

열매채소의 채종 방법은 매우 간단하다. 꼭 열매채소가 아니더라도, 종류와 상관없이 작물의 채종 방법 자체는 매우 쉽다. 식물은 내버려둬도 반드시 씨를 맺기 때문이다.

다만 똑같은 열매채소라 할지라도 완전히 익은 뒤에 먹는 채소와 다 익지 않은 상태에서 먹는 채소는 채종하는 시기가 다르다. 예를 들어 토마토, 단호박, 수박처럼 완전히 익은 후에 수확하는 채소는 먹기 좋은 시기에 수확한 후 안에 들어 있던 씨를 남기면 그대로 심을 수 있다. 반면, 다 익지 않은 상태에서 수확하는 채소는 따로 채종을 할 열매가 완전히 익을 때까지 밭에 그대로 둔다. 가지, 피망, 오이 등이 이에 해당한다.

토마토나 단호박, 수박 등은 씨앗 자체가 수분을 머금은 열매에 싸여 있다. 이러한 씨앗은 물에 담가도 문제가 없으므로 물로 깨끗이 씻은 후 마른 행주에 올려 말린다. 토마토는 씨 부분을 체에 담아 살살 문질러가며 흐르는 물에 씻어 씨만 남긴다. 그러나 수분을 머금은 열매에 싸여 있지 않은 씨는 젖으면 발아하려고 하므로 물로 씻지 않는다.

익지 않은 상태에서 먹는 채소는 채종을 할 때 열매를 수확하지 않고 밭에 그대로 남겨둔다. 가지 같은 경우, 채종을 할 시기가 되면 채종에 사용할 줄기를 고른다. 가장 모양이 좋은 가지를 몇 개 고른 다음 수확을 하지 않고 그대로 둔다. 모양이 나쁜 가지는 그 안에 씨가 없을 수 있으므로 피하는 것이 좋다. 그렇게 고른 가지를 따지 않고 그대로 두면 점점 딱딱해지는데, 이때 씨가 만들어진다. 동물이 씨를 먹어버리지 못하도록 열매가 단단해지는 것이다. 그러다가 가지가 누런색을 띠기 시작하면 조금 부드러워진다. 이때 수확해 씨를 받는다. 이렇게 받은 씨앗은 물로 씻어도 괜찮다.

🌱 열매채소 채종하기

- 다 익지 않은 상태에서 수확하는 채소는 채종할 때 열매가 다 익을 때까지 기다린다. 오이, 가지, 피망, 주키니 호박 등이 있다.
- 완전히 익은 후에 수확하는 채소는 수확한 채소 중에서 채종할 열매를 고른다. 토마토, 단호박 등이 있다.
- 체나 볼에 담은 채로 흐르는 물에 씻어 발아 억제 물질을 제거한다.
- 물 위로 떠오르는 씨앗은 걸러낸다.
- 마른 행주 위에 올려 완전히 말린다.

 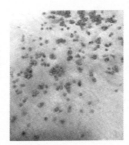 

오이나 주키니 호박 등은 자라서 누렇게 변할 때까지 그대로 둔다. 열매가 물러질 때쯤 채종하는 것이 좋다. 물러진 열매를 따서 씨를 받은 다음 깨끗이 씻어 말린다. 오이나 주키니 호박 역시 모양이 좋지 않은 열매에서는 씨를 받지 못할 수 있으므로 주의한다. 열매는 반드시 3개 이상 남긴다. 간혹 남겨둔 열매를 새가 먹어버리는 일이 생기기도 하므로 새가 많은 지역에서는 그물을 치는 것이 좋다.

물로 씻었을 때 수면 위로 떠오르는 씨앗은 발아율이 좋지 못하므로 건져낸다. 피망 또한 다 익지 않은 상태에서 수확하므로 채종을 할 열매는 빨갛게 익을 때까지 그대로 둔다. 피망은 씨를 둘러싼 열매가 수분을 많이 함유하고 있지 않으므로 열매가 익으면 씨를 받아 씻지 않고 그대로 말린다. 씨를 입에 하나 넣었을 때 매운맛이 느껴지면 씨가 익은 것이다.

잎채소의 채종

잎채소를 수확하기 가장 좋은 시기는 성장 초기이며, 채종 시기는 수확기에서 한참 뒤다. 겨울 채소인 잎채소는 겨울을 다 보내고 봄이 되어야 씨를 받을 수 있다.

우선 채종할 줄기를 정해야 한다. 채종할 줄기는 밭에 오래 남겨둬야 하므로 밭의 한쪽 구석에 심은 줄기를 골라야 다음 작물을 심을 때 방해가 되지 않는다. 기왕이면 채종용 이랑을 하나 정해두고 거기서 씨를 받는 것이 편하다.

채종할 줄기를 정한 뒤, 겨울 채소는 겨울을 잘 날 수 있도록 보온을 해준다. 뿌리 주변을 짚으로 덮는 방법도 있지만, 터널형 지주를 세우고 한랭사로 덮는 방법이 더 효과적이다. 한랭사는 대형 마트에서도 판매한다. 단, 꽃대가 올라올 때는 채소의 키가 커지므로 높은 터널형 지주가 필요하다. 어떤 채소는 키가 150센티미터가 넘는 경우도 있으므로 주의한다. 서리를 맞지 않도록 뿌리 주변을 감싸는 것만으로도 보온 대책이 충분할 때도 있다.

🌿 잎채소 채종하기

수확 시기를 넘겨 꽃대가 올라온 뒤에 채종한다.
- 가을·겨울 채소 : 봄에 꽃대가 올라온다.
- 겨울을 잘 넘길 수 있도록 짚으로 덮는다.
- 여름 채소 : 가을에 꽃대가 올라온다.

씨를 많이 맺는 채소는 밀집 재배를 하므로 씨를 넉넉히 받는다.

교잡에 주의한다.(충매화)
- 십자화과 식물은 꽃 색이 같으면 교잡되기 쉬우므로 한랭사를 씌우고 번갈아 연다.

씨를 많이 맺는 채소는 밀집 재배

겨울을 잘 넘기도록 짚으로 보온

교잡이 되지 않도록 한랭사를 씌움

꽃대가 올라옴

꽃대가 올라옴 = 꽃대가 자라 꽃을 피우고 나면 영양분이 씨로 간다.

따뜻한 지역의 밭은 이러한 대책이 필요 없는 경우도 많다.

봄이 오고 꽃이 피는 시기가 되면 수분이 되어야 하므로 덮어둔 한랭사를 전부 걷어낸다. 꽃이 피는 시기를 보고 한랭사를 걷어낼 시기를 정한다.

꽃이 떨어지면 식물은 씨를 맺는다. 그리고 씨가 다 맺히고 나면 다음 세대를 위해 자신이 지니고 있던 질소나 미네랄을 방출해 갈색으로 말라간다. 식물은 갈색으로 마르면 더는 뿌리에서 영양을 흡수하지 않으므로 식물 전체가 갈색으로 변했을 때쯤 잘라내고, 파란색 비닐을 깐 곳이나 봉지처럼 씨앗이 떨어져도 괜찮은 곳에 보관한다. 단, 습기가 많은 곳에 두면 곰팡이가 생겨 씨앗을 못 쓰게 되므로 주의한다. 통풍이 잘되지 않는 곳은 벌레가 꼬일 수 있으므로 바람이 잘 통하는지 확인한다.

수확을 하지 않고 밭에 최대한 오래 남겨도 되지만, 배추처럼 꼬투리가 터지면서 씨앗이 퍼지는 채소는 너무 늦어지지 않도록 시기를 잘 맞춰야 한다. 씨가 갈색으로 변하면 서둘러 수확하자. 쑥갓처럼 꽃을 피우고 씨를 맺는 채소는 씨앗이 무르익을 때까지 좀 더 기다려도 되지만, 잡초가 점점 자라면서 채소가 시들기 때문에 적당한 시기에 수확하는 편이 낫다.

뿌리채소와
콩과 작물의 채종

뿌리채소를 채종하는 방법도 잎채소와 크게 다르지 않다. 차이가 있다면 뿌리채소는 옮겨심기를 할 수 있다는 점이다. 무나 당근, 순무를 수확한 다음 모양이 좋고 구멍이 나지 않은 것을 채종용으로 골라 이랑에 옮겨 심는다. 그러면 이미 나온 잎은 말라버리지만, 새잎이 나오고 꽃대가 올라와 꽃을 피운 뒤 씨를 맺는다.

겨울 채소는 잎채소와 마찬가지로 서리를 맞지 않고 겨울을 날 수 있도록 보온을 해줘야 한다. 잎채소도 그렇지만, 십자화과 채소는 특히 주의해야 한다. 십자화과 채소는 같은 개체의 꽃가루로는 수분되지 않는 자가불화합성(自家不和合性) 채소다. 따라서 한 줄기만 남겨두면 씨를 맺지 못할 수 있다. 채종용으로 반드시 두 줄기 이상, 가능하다면 세 줄기는 남겨야 한다. 더 많이 남길수록 씨를 잘 맺을 가능성이 높다.

이는 십자화과 채소가 다른 품종의 꽃가루로 수분될 위험성이 있다는 뜻이기도 하다. 이를 교잡이라 한다. 예를 들어 배추와 순무가 교잡해버리면 전혀 다른 채소가 나온다. 보통 푸성귀류 채소가 이런 식으로 만들어지는 경우가 많다. 윗부분에는 배추가 자라고 아랫부분에는 순무가 자란다면 좋겠지만, 실제로 그런 경우는 거의 없다. 보통 같은 밭에서는 여러 십자화과 채소의 씨를 받지 않는다.

일반적인 농가에서는 밭 하나에서 여러 십자화과 채소의 씨를 받을 경우 한랭사를 높게 씌워놓는다. 그리고 한랭사를 벗길 때 한 가지 채소만 벗기고, 다른 채소는 그대로 씌워둔다. 꽃가루를 묻힌 벌이 다른 십자화과 채소에 날아가도 수분되지 않도록 보호막을 쳐두는 것이다.

콩과 작물은 채종하기가 가장 쉽다. 콩 종류는 열매 자체가 씨앗이므로

🌿 뿌리채소와 콩과 작물 채종하기

채종용 무, 순무, 당근 등은 수확을 마친 후 밭 가장자리에 옮겨 심는다.

십자화과 채소는 자가불화합성 채소이므로 채종용으로 세 줄기 이상 남긴다.
- 자가불화합성 → 자신의 꽃가루로는 수분되지 않는다.
- 잎이 지고 봄에 꽃을 피운 후에 씨를 받는다.

콩류는 잎이 자연히 질 때까지 기다린 후에 채종한다.

콩은 봄이 되면 벌레가 꼬이므로 반드시 냉온에 보관한다.

꼬투리가 갈색으로 변해 마르면 그대로 씨앗이 된다. 풋콩처럼 완전히 자라기 전에 수확하는 경우에는 일부를 채종용으로 남겨 콩이 될 때까지 밭에서 익힌다. 콩도 옮겨심기를 하면 약해지므로 채종용으로 일부를 남길 때는 밭 가장자리에 있는 것을 선택하는 것이 좋다. 물론 사전에 채종용 이랑을 따로 만드는 방법도 있다.

콩과 식물의 씨앗은 벌레가 많이 꼬이고 습기를 잘 빨아들이므로 식용으로 쓸 것과 따로 보관하는 것이 좋다.

씨앗 보관

씨앗은 기본적으로 상온에 보관한다. 이듬해 뿌릴 씨앗에 사계절의 온도 변화를 느끼게 해야 발아율이 더 올라간다. 예를 들어 겨울을 지낸 후 봄에 뿌리는 채소의 씨앗은 상온에 보관해야 기온 변화에 더 민감하게 반응할 수 있다.

하지만 요즘은 계절에 상관없이 실내 온도를 일정하게 유지하는 집이 많아 씨앗도 겨울을 느끼지 못한다. 반대로 기온이 너무 높은 곳에 둬도 발아율이 떨어지므로 보관 장소가 마땅치 않을 때는 차라리 냉장고에 넣어 계속 겨울이라 착각하게 하는 편이 낫다. 그러면 냉장고에서 꺼내는 순간 씨앗은 봄이 왔다고 느낄 것이다. 그렇다고 냉동 보관을 해서는 안 된다. 냉동을 하는 것 자체는 상관없지만, 해동할 때 온도와 습도를 조절하기가 어렵기 때문이다.

씨앗을 봉투에 보관하면 습기를 빨아들이기 쉬우므로 좋지 않다. 병에 담아 보관하는 것이 습도 변화가 가장 적어서 좋다. 병에 실리카 겔(포장용 김에 흔히 들어 있는 건조제의 일종) 같은 제습제를 넣어두는 것도 괜찮다. 병에 보관한 씨앗에 드물게 곰팡이가 필 수 있기 때문이다.

씨앗을 병에 담은 후 호광성 종자는 어두운 곳에, 혐광성 종자는 밝은 곳에 보관한다. 씨앗이 스트레스를 받아 발아하는 것을 막기 위해서다. 씨앗을 담은 병은 나무 케이스에 넣어 보관하는 것이 좋지만, 없다면 선반이나 책꽂이에 올려놓아도 된다.

씨앗은 발아율이 떨어질 수 있으므로 넉넉히 보관하는 것이 좋다. 또 씨를 뿌릴 때도 일부는 남겨두자. 남김없이 다 뿌렸다가 재배에 실패하면 수습할 수가 없다. 가능하면 절반은 밭에 뿌리고, 나머지 절반은 남겨두는 편이 좋다.

씨앗은 3년마다 새것으로 교체하는 것이 좋다. 해마다 갈 수 있다면 좋겠

🖋 씨앗의 보관

서늘한 곳이라면 상온에 보관한다.

병에 담아 냉장고의 야채칸에 보관한다.
• 발아율이 상대적으로 떨어진다.

냉동 보관
• 해동하기가 어려우므로 냉동 보관은 거의 하지 않는다.

씨앗은 넉넉하게 보관한다. 발아율이 떨어질 것을 감안해 모종을 많이 키운다.

씨앗은 3년이 지나면 폐기한다.

지만 십자화과 채소 같은 경우 한 해에 얻을 수 있는 씨앗이 그리 많지 않으므로 여러 해에 걸쳐 씨앗을 받는다. 보관 상태만 좋으면 씨앗의 발아율 자체는 10년이 지나든 20년이 지나든 큰 차이가 없다. 그러나 실제로는 씨앗을 최적의 환경에 보관하는 경우가 많지 않으므로 3년마다 새 씨앗으로 교체해줘야 안심할 수 있다. 게다가 씨앗을 새것으로 교체하면 내년에도 정성껏 키워야 한다는 의욕이 생긴다.

무비료 재배에 도전할 여러분에게

내가 농약뿐만 아니라 비료까지 사용하지 않는 '무비료 재배'라는 무모한 도전을 시작하게 된 계기가 있다. 지금으로부터 19년 전의 일이다.

당시만 하더라도 나는 비료를 쓰면 안 된다는 생각을 전혀 하지 않았다. 비료가 없었다면 지금처럼 먹을거리가 풍족해지지 못했을 것이기 때문이다. 점차 무비료 재배의 필요성을 느끼고 있던 중, 화학물질과민증에 걸린 한 사람과의 만남이 큰 계기가 되었다. 그는 화학 물질뿐 아니라 이 세상에 존재하는 모든 물질에 반응하는 것이 아닐까 싶을 만큼 증세가 심각했다. 화학물질과민증 환자는 음식도 마음 편히 먹지 못한다. 수프 한 모금을 잘못 먹었다가 끔찍한 고통에 시달리기도 한다.

그에게 직접 키운 채소를 선물했다. 당연히 비료는 쓰지 않았다. 하지만 그는 그 채소를 먹을 수가 없었다. 아무것도 쓰지 않았다고 생각했지만, 무비료 재배를 시작한 첫해에는 여전히 밭에 각종 화학 비료나 유기 비료가 남아 있었을 것이다. 그것이 문제였을 수도 있고, 아니면 자가 채종하지 않은 씨앗이 원인이었을 수도 있다. 그것도 아니면 밭이 도로변에 있어 자동차에서 흘러나온 배기가스의 영향을 받았거나 인근 밭에서 농약이 흘러나왔을 수도 있다. 정확한 원인이 무엇인지는 알 수 없었다.

그 사이에 그는 말도 없이 어딘가로 이사를 갔다. 아쉽게도 그 후로는 연락이 없었다. 하지만 그에게서 매우 중요한 것을 배웠다. 인류 역사상 가장 먹을거리가 풍족한 시대에 살고 있지만, 그중에 먹을 수 있는 게 아무것도 없는 사람이 있다는 사실이다.

온갖 먹을거리가 지천에 널려 있는데도 정작 먹을 수 있는 것이 없다니 이 얼마나 아이러니한 현실인가. 이러한 괴로움을 누구에게 호소해야 할까. 물론 그런 사람들이 많지는 않다. 정말 극소수에 불과할 수도 있다. 하지만 그런 사람들을 위해 무비료 재배 농가가 조금 있어도 괜찮지 않을까 하는 생각이 들었다. 그 생각은 곧 확신이 되어 자신감을 갖고 무비료 재배를 지속할 수 있었다.

어려움을 겪고 있는 소수의 사람들에게는 소수의 농가가 작물을 제공하면 된다. 그것이 곧 재배의 이유이기도 하다. 물론 내가 재배한 채소를 더 많은 사람이 이용하길 바란다는 뜻은 아니다. 안타깝게도 한 사람이 키우는 채소는 수량이 한정되어 있다. 하지만 많은 사람들이 무비료 재배를 시작하면 비료를 쓰지 않는 채소도 그만큼 많아질 것이다. 무비료 재배를 하면서 터득한 노하우를 소개하는 것도 바로 그런 이유에서다.

처음에 이야기한 것처럼 이 책은 재배법을 순서대로 자세히 설명하는 것보다는 자연의 섭리를 깨닫는 것에 중점을 뒀다. 그렇기에 실제로 밭에 나갔을 때 어떤 식으로 작업을 해야 할지 잘 모를 수도 있다. 하지만 그 순간이 바로 기회라고 생각한다. 그럴 때는 상상의 나래를 한번 펼쳐보기 바란다. 당신이 책에서 얻은 지식 중에서 어느 것이 지금 당신이 하려는 일에 적합한지를 생각하며 작물을 유심히 관찰하는 것이다.

무경운 재배(논밭을 갈지 않고 씨를 뿌려 작물을 재배하는 방법-옮긴이)의 함정을 예로 들 수 있다. 무비료 재배를 시작하면, 앞서 자연 농법을 실천한 훌륭한 선배들이 무경운 재배법으로 채소를 키우는 모습을 보면서 논밭을 갈아서는 안 된다는 생각이 머릿속에 박히게 된다. 하지만 그렇지 않다. 자연 농법이나 자연 재배 관련 정보가 넘쳐흐르다 보니 이러한 정보가 유기적으로 연결되지 않고 오히려 혼란을 야기할 때도 있다. 이러한 사태를 불식시키지 않으면 무비료 재배를 어렵게 한다.

논밭을 갈면 토양 구조가 파괴되는 것은 분명한 사실이다. 하지만 잘 생각해보기 바란다. 여태껏 사람 손이 닿지 않은 산속 평지라면 흙을 갈아엎어 토양 구조를 파괴하는 일이 꺼려지겠지만, 거의 모든 밭은 예전에 이곳을 사용한 사람이 이미 갈아엎었을 것이다. 그런 곳을 갈지 않고 그대로 두면 토양은 차츰 자연의 힘을 되찾겠지만 그러려면 수십 년, 어쩌면 수백 년에 걸쳐 잡초가 자라야 한다. 나무와 풀이 흔적도 없이 뽑혀 나간 밭에 채소를 키우려면 인간의 지혜를 이용해 그런 환경을 복원해야 한다. 그것이 곧 재배다. 무경운 재배는 좀 더 정확히 말하자면 논밭을 갈지 말라는 것이 아니라 논밭을 갈지 않아도 되는 흙을 만들라는 뜻이다.

채소에 발생하는 문제 또한 마찬가지다. 작물을 유심히 관찰하며 원인이 무엇인지 생각하는 습관을 들여 추리력을 키우면 된다.

시금치 잎이 왜 노랗게 변하는 걸까? 그 이유가 궁금하다면 식물이 왜 녹색을 띠는지를 먼저 생각해보기 바란다. "아하, 엽록체 속의 엽록소 때문에 녹색을 띠는 거구나. 그럼 시금치에 엽록소가 부족한 건가? 아니면 엽록소를 만들어내질 못하나? 엽록소를 만들려면 마그네슘 같은 미네랄이 필요해. 미네랄이 부족해서 엽록소를 만들어내지 못하는 것이 아닐까. 그럼 미네랄은 어디에 들어 있지? 그러고 보니 초목회에 마그네슘이나 칼슘 같은 알칼리성 원소가 있었는데. 시금치는 알칼리성 토양을 좋아하나? 그럼 토양의 pH를 조사해보자." 이런 식으로 추리를 해나가는 것이다.

이렇게 자신이 추리한 것을 바탕으로 인터넷만 조사해봐도 문제를 해결할 방법을 찾을 수 있다. 단지 책에 나온 매뉴얼만 기계적으로 따라하면 다른 문제가 생겼을 때 응용하지 못한다. 물론 말은 쉬워도 실제로 이런 습관을 들이려면 상당한 노력이 필요하다.

나는 앞으로도 무비료 재배 관련 세미나를 계속해서 진행할 생각이다. 좀 더 많은 사람이 무비료 재배에 관한 지식을 익히고, 실제로 실행하기를 바라는 마음에서다. 작물은 사람만이 키우는 것이 아니라는 것을 명심했으면 한다. 농법이나 농사 기술을 배우기보다 자연 자체를 이해하는 것이 꾸준히 각종 식물을 키우는 우리에게 훨씬 큰 도움이 되리라 믿는다.

종자은행 상세 정보 https://www.soramizu.com

무비료 텃밭농사 교과서
흙, 풀, 물, 곤충의 본질을 이해하고 채소를 건강하게 기르는 친환경 밭 농사법

1판 1쇄 펴낸 날 2020년 4월 13일
1판 2쇄 펴낸 날 2021년 8월 25일

지은이 | 오카모토 요리타카
옮긴이 | 황세정

펴낸이 | 박윤태
펴낸곳 | 보누스
등　록 | 2001년 8월 17일 제313-2002-179호
주　소 | 서울시 마포구 동교로12안길 31 보누스 4층
전　화 | 02-333-3114
팩　스 | 02-3143-3254
E-mail | bonus@bonusbook.co.kr

ISBN 978-89-6494-430-1　03520

• 책값은 뒤표지에 있습니다.

지적생활자를 위한 교과서 시리즈

보누스

기상 예측 교과서

후루카와 다케히코 외 지음
272면 | 15,800원

다리 구조 교과서

시오이 유키타케 지음
240면 | 13,800원

로드바이크 진화론

나카자와 다카시 지음
232면 | 15,800원

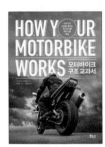

모터바이크 구조 교과서

이치카와 가쓰히코 지음
216면 | 13,800원

미사일 구조 교과서

가지 도시키 지음
96면 | 12,000원

비행기 구조 교과서

나카무라 간지 지음
232면 | 13,800원

비행기 엔진 교과서

나카무라 간지 지음
232면 | 13,800원

비행기 역학 교과서

고바야시 아키오 지음
256면 | 14,800원

비행기 조종 교과서

나카무라 간지 지음
232면 | 13,800원

비행기, 하마터면 그냥 탈 뻔했어

아라완 위파 지음
256면 | 13,000원

선박 구조 교과서

이케다 요시호 지음
224면 | 14,800원

악기 구조 교과서

야나기다 마스조 외 지음
228면 | 15,800원

자동차 구조 교과서

아오야마 모토오 지음

224면 | 13,800원

자동차 세차 교과서

성미당출판 지음

150면 | 12,800원

자동차 에코기술 교과서

다카네 히데유키 지음

200면 | 13,800원

자동차 운전 교과서

가와사키 준코 지음

208면 | 13,800원

자동차 정비 교과서

와카모리 히로시 지음

216면 | 13,800원

자동차 첨단기술 교과서

다카네 히데유키 지음

208면 | 13,800원

고제희의 정통 풍수 교과서

고제희 지음

416면 | 25,000원

세계 명작 엔진 교과서

스즈키 다카시 지음

304면 | 18,900원

위대한 도시에는 아름다운 다리가 있다

에드워드 데니슨 외 지음

264면 | 17,500원

헬리콥터 조종 교과서

스즈키 히데오 지음

204면 | 15,800원

인체 의학 도감 시리즈
MENS SANA IN CORPORE SANO

뇌·신경 구조 교과서

노가미 하루오 지음

200면 | 17,800원

뼈·관절 구조 교과서

마쓰무라 다카히로 지음

204면 | 17,800원

인체 구조 교과서

다케우치 슈지 지음

208면 | 15,800원

인체 면역학 교과서

스즈키 류지 지음

240면 | 17,800원

혈관·내장 구조 교과서

노가미 하루오 외 지음

220면 | 17,800원

낚시 매듭 교과서
다자와 아키라 지음
128면 | 10,800원

농촌생활 교과서
성미당출판 지음
272면 | 16,800원

베스트

매듭 교과서
니혼분게이샤 지음
224면 | 9,800원

무비료 텃밭농사 교과서
오카모토 요리타카 지음
264면 | 16,800원

부시크래프트 캠핑 교과서
가와구치 타쿠 지음
264면 | 18,000원

베스트

산속생활 교과서
오우치 마사노부 지음
224면 | 15,800원

**전원생활자를 위한
자급자족 도구 교과서**
크리스 피터슨 · 필립 슈미트 지음
236면 | 17,800원

작은 집 설계 도감
제럴드 로언 지음
232면 | 14,500원

베스트

집수리 셀프 교과서
맷 웨버 지음
240면 | 18,000원

태양광 메이커 교과서
정해원 지음
192면 | 16,800원

베스트

태양광 발전기 교과서
나카무라 마사히로 지음
184면 | 13,800원